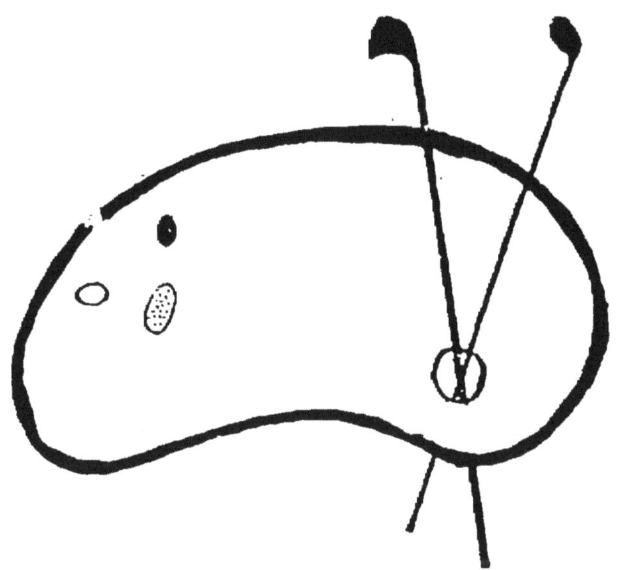

DEBUT D'UNE SERIE DE DOCUMENTS
EN COULEUR

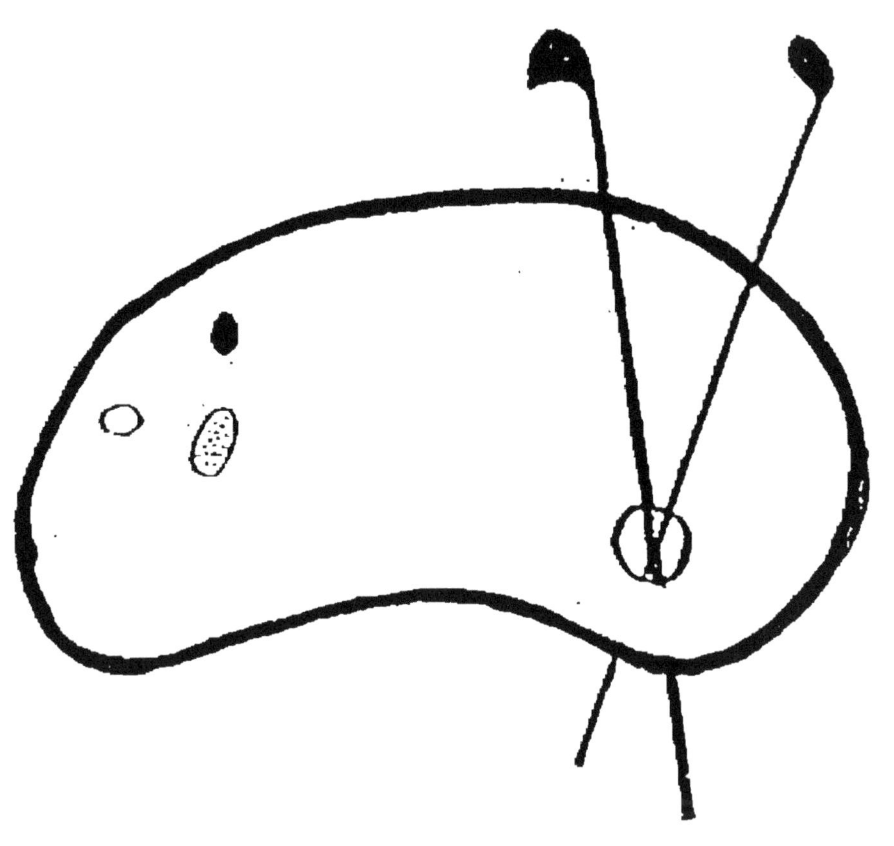

FIN D'UNE SERIE DE DOCUMENTS
EN COULEUR

THÉORIE DE L'AIMANTATION

PAR LES COURANTS CONTINUS ET LES COURANTS INSTANTANÉS

DANS

L'HYPOTHÈSE D'UN SEUL FLUIDE ÉLECTRIQUE

Par N. A. RENARD.

PROFESSEUR A LA FACULTÉ DES SCIENCES DE NANCY

I. INDUCTION MAGNÉTIQUE OU AIMANTATION PRODUITE PAR LES COURANTS CONTINUS.

§ 1er. L'expérience a démontré un certain nombre de faits que je vais d'abord exposer en suivant à peu près l'ordre chronologique de leur découverte.

1° En 1820, Arago découvrit que si l'on dispose des tiges de fer doux ou des aiguilles d'acier perpendiculairement à un courant rectiligne, ces tiges ou ces aiguilles s'aimantent et leur pôle austral est placé à la gauche du courant. Suivant le même auteur, si le courant continu est produit par une machine à frottement et s'écoule dans le sol par un long fil métallique, il est insuffisant pour produire aucune aimantation sur l'acier et n'exerce aucune attraction sur la limaille de fer.

2° Avec une même aiguille et un même courant on peut augmenter l'effet produit, en contournant

le fil en hélice et en plaçant l'aiguille dans l'intérieur de l'hélice. Le pôle austral est toujours à la gauche du courant ou, en d'autres termes, les courants déterminés dans l'acier, d'après les idées d'Ampère, sont dirigés dans le même sens que celui qui produit l'aimantation. Par exemple, si l'hélice est *dextrorsum*, le pôle austral est à la sortie du courant, et si elle est *sinistrorsum*, il est à l'entrée.

Si l'on enroule autour d'un même tube de verre, et l'une à la suite de l'autre, deux hélices contraires, on a le même pôle aux deux extrémités et un pôle contraire au milieu.

M. Ridolfi a annoncé que si l'on fait communiquer, au moyen d'un fil enroulé en hélice, les coussins et le conducteur d'une excellente machine électrique, on parvient, comme avec la pile, à aimanter des aiguilles d'acier par l'action d'un courant continu qui traverse le fil, et que le sens de l'aimantation est aussi le même.

3° Tous les points d'un fil conducteur égal et homogène, traversé par un courant voltaïque, exercent des actions égales, pourvu que le fil ne soit pas très-long et que les points soient à quelque distance des extrémités. Savary a constaté ce fait en 1826 (¹), non-seulement à l'aide d'un fil rectiligne, mais encore en le roulant de distance en distance en petites hélices d'un même nombre de tours

____

(¹) Mémoire lu à l'Académie des sciences le 31 juillet 1826. — *Annales de chimie et de physique*, t. XXXIV. p. 50. 1827.

et semblables et en introduisant dans chacune
d'elles des aiguilles pareilles. Celles-ci furent également aimantées.

4° Quand deux aiguilles sont placées dans une
même hélice, l'une sans enveloppe, l'autre entourée
d'un cylindre de cuivre, la différence d'aimantation
est à peine sensible, si le courant est très-énergique
et si la conductibilité de l'appareil est grande, lors
même que l'épaisseur du cylindre serait assez forte,
5 millimètres par exemple. Si, au contraire, le courant est faible, la différence d'aimantation est d'autant plus grande que la conductibilité de l'appareil
est plus imparfaite, que la tension est plus forte et
que l'on interrompt et renouvelle successivement
un plus grand nombre de fois la communication.
Une petite aiguille sans enveloppe étant aimantée
de manière à faire 60 oscillations en 36 secondes,
une aiguille pareille, placée dans un cylindre de
cuivre, faisait le même nombre d'oscillations en
1ᵐ et 2ˢ. (Savary.)

5° L'influence amortissante des enveloppes mé-
talliques croit un peu avec leur épaisseur. (Id.)

6° Si le corps magnétique, au lieu d'être introduit dans l'intérieur de l'hélice magnétisante, lui
est rendu extérieur ; en d'autres termes, si l'hélice
magnétisante est introduite dans l'intérieur d'un
tube de fer doux ou d'acier, ce dernier ne s'aimante pas sous l'influence du courant électrique.
Ce fait a été signalé par de Haldat comme objection

à la théorie d'Ampère sur la constitution des aimants. Il ne me paraît pas devoir être général pour les raisons théoriques qui seront indiquées plus loin.

7° *Dans des limites assez restreintes, le magnétisme, développé dans un fer doux par un courant qui circule, dans une hélice magnétisante, est proportionnel à l'intensité du courant.* (Loi de MM. Lentz et Jacobi.) Ces deux savants observaient le courant induit qui prend naissance dans une hélice voisine du barreau, au moment où s'opère l'aimantation, en faisant agir seule d'abord l'hélice magnétisante, puis simultanément l'hélice et le barreau de fer doux qu'ils introduisaient dans l'hélice. La différence des deux actions faisait connaître l'action produite par le barreau seul. Dans cette manière d'opérer, on admet que la grandeur du magnétisme développé est proportionnelle à l'intensité du courant induit qu'il produit.

La loi précédente ne peut être considérée que comme une loi empirique restreinte, comme l'ont démontré des observations plus récentes.

MM. Lentz et Jacobi ont également formulé cette autre loi : *Le magnétisme développé est indépendant de la nature du fil conducteur et de la section de ce fil; de plus, il est sensiblement indépendant du diamètre des spires et proportionnel à leur nombre.*

MM. Muller et Gartenhauser ont repris les résultats précédents, en 1849, par une méthode directe et précise. Après avoir disposé un barreau de fer doux, CD, perpendiculairement au méridien magnétique et placé le centre d'une aiguille de déclinaison AB sur le prolongement de l'axe du barreau, ils ont observé la déviation de l'aiguille : 1° sous l'action de l'hélice magnétisante seule ; 2° sous l'action de l'hélice magnétisante et du barreau réunis. D'après la formule de Gauss, que nous avons déjà fait connaître précédemment :

$$\operatorname{tang} u = \frac{1}{H}\left\{ \frac{2\mu}{R^3} + \frac{A}{R^6} \right\} \qquad (1)$$

dans laquelle u représente la déviation, H la composante horizontale de l'action terrestre, μ le moment magnétique du barreau fixe, R la distance des milieux des deux barreaux aimantés, A une constante, nous voyons que, si on néglige le terme $\frac{A}{R^6}$ qui est très-petit, le moment magnétique du barreau fixe sera mesuré par la différence des tangentes des deux déviations observées. M. Muller, qui a expérimenté sur quatre barreaux ayant 560 millimètres de longueur et 9, 12, 15 et 44 millimètres de diamètre, a remarqué que la proportionnalité de l'aimantation et de l'intensité du courant s'est assez bien vérifiée pour le dernier barreau, mais nullement pour les trois premiers.

Il a résumé l'ensemble de ses expériences par la formule empirique suivante :

$$I = A d^2 \operatorname{tang} \frac{\mu}{0,00005\, d^2} \qquad (2)$$

dans laquelle I désigne l'intensité du courant, d le diamètre du barreau, μ le moment magnétique. Si le rapport $\dfrac{\mu}{0,00005\,d^2}$ est très-petit, ce qui est d'autant mieux vérifié que le diamètre du barreau est plus grand, on a sensiblement :

$$\frac{I}{A\,d^{\frac{1}{2}}} = \frac{\mu}{0,00005\,d^2}$$

ou :

$$\mu = \frac{0,00005}{A}\,I\,d^{\frac{1}{2}}.$$

Dans ces conditions, nous voyons : 1° que pour un même barreau le magnétisme développé est proportionnel à l'intensité du courant, ce qui est la loi de MM. Lentz et Jacobi; 2° que pour un courant invariable le magnétisme développé dans des barreaux de diamètres différents est *proportionnel aux racines carrées de ces diamètres.*

3° *Pour un même barreau de fer doux et pour des intensités croissantes du courant inducteur, il existe un maximum que le moment magnétique du barreau ne peut jamais dépasser.* C'est par M. Muller d'abord que l'existence de ce maximum a été constatée. Elle est d'ailleurs une conséquence de la formule (2), qui montre que *le moment magnétique μ du barreau tend vers une limite finie lorsque l'intensité I du courant croît indéfiniment, et de plus que cette limite maxima est proportionnelle à la section du barreau, ou, ce qui revient au même, au carré de son diamètre.*

Ce maximum a été confirmé depuis par W. Weber.
Le tableau suivant offre un résumé des résultats
que ce savant a obtenus; dans ce tableau, I désigne un nombre proportionnel à l'intensité du
courant et μ le moment magnétique :

I	μ
658,9	911,1
1381,5	1424,0
1792,0	1547,9
2151,0	1627,3
2432,8	1680,7
2757,0	1722,7
3090,6	1767,3
3186,0	1787,7
2645,6	1707,9
2232,1	1654,0
1918,7	1584,1
1551,2	1488,9
1133,1	1327,9
670,3	952,0

Il résulte de l'inspection de ce tableau qu'il n'y
a aucune proportionnalité entre l'intensité du courant et l'aimantation, et que cette dernière tend
vers une limite qu'elle ne dépasse pas.

9° Lorsqu'on introduit dans une hélice horizontale et suffisamment énergique l'une des extrémités d'un cylindre de fer doux assez peu épais
pour pouvoir s'y mouvoir librement, le cylindre y
est attiré et vient prendre une position symétrique.
Si on cherche à l'écarter de cette position dans un
sens ou dans l'autre, il vient la reprendre de lui-
même. — Si la bobine est placée verticalement,
l'équidistance des pôles n'existe plus, parce que
l'attraction exercée par la bobine est plus ou moins

détruite par la pesanteur. Le cylindre peut même rester suspendu librement dans la bobine sous l'influence de cette attraction.

10° Cette même attraction est proportionnelle au carré de l'intensité des courants, ainsi que l'a reconnu M. Hankel en 1853.

11° Quand un barreau de fer doux est placé dans une hélice traversée par un courant, ses deux pôles sont de même intensité magnétique si sa position est symétrique par rapport à la bobine, et ils sont d'intensité différente dans le cas contraire. Le pôle le plus rapproché est le plus puissant ; mais la somme des attractions exercées par les deux pôles contraires et inégaux est égale à la somme des attractions exercées par les deux pôles équidistants. (J. Nicklès [1].)

12° Pour une intensité du courant de l'hélice et pour une armature données, l'allongement du noyau magnétique du côté de l'un des pôles détermine d'abord une augmentation dans la puissance attractive tant au contact qu'à distance du pôle opposé ; puis succède un moment d'arrêt passé lequel tout allongement nouveau ou, en général, toute augmentation de masse du côté du même pôle produit une diminution progressive dans la puissance du pôle opposé. (Id.)

13° L'aimant bifurqué à deux pôles contraires

[1] *Mémoires de l'Académie de Stanislas* de Nancy (tome II de l'année 1869).

et de même intensité (fer à cheval) n'est pas régi par cette loi, et l'allongement de ses branches n'augmente pas la puissance attractive. (Id.)

14° Quand on fait croître la distance entre les branches d'un électro-aimant en fer à cheval dont les pôles sont égaux et contraires, les nombres qui expriment la puissance d'aimantation croissent d'abord, passent par un état stationnaire qui varie avec l'intensité du courant, celle du magnétisme développé, et enfin finissent par décroître. (Nicklès.)

Ce fait, comme le fait observer Nicklès lui-même, paraît en désaccord avec le précédent; car si l'allongement des branches est sans effet sur la puissance des pôles supposés également puissants et de noms contraires, comment se fait-il que l'écartement qui, en définitive, n'est que le résultat d'un allongement, produise l'action que nous venons de signaler? Nous en aurons bientôt l'explication.

15° La forme des surfaces polaires a une grande influence sur les actions au contact des électro-aimants.

M. Dub a trouvé que, les surfaces de contact étant planes, trois armatures cylindriques agissant sur un même électro-aimant cylindrique et ayant des surfaces de contact, l'une égale à celle de l'électro-aimant, l'autre à la moitié, la troisième au quart de cette surface, soutiennent des charges de plus en plus fortes, de sorte qu'à une surface de contact amoindrie correspond une force de suspension plus grande.

J. Nicklès a complété ces expériences à l'aide d'un électro-aimant bifurqué, dont le diamètre avait $0^m,015$ et dont les bobines avaient chacune 550 tours d'un fil de 1 millimètre d'épaisseur. Les deux pôles avaient même puissance, l'un était terminé par une surface plane, l'autre par une surface convexe. Les armatures étaient linéaires et de même poids, mais étaient terminées par des surfaces différentes, convexes ou cylindriques ou planes. Dans ce dernier cas, la surface de contact égalait celle du barreau aimanté. Voici quelques résultats dus à ce regretté collègue :

	Pôle convexe.	Pôle plan.
$\dfrac{\text{tang } 5°35'}{2}$		
Armature convexe.	300	600
Armature à surface cylindrique.	300	540
Armature à surface plane	610	450
$\dfrac{\text{tang } 5°35'}{2}$		
Armature convexe	305	660
Armature cylindrique.	310	700
Armature plane	700	500
$\dfrac{\text{tang } 12°30'}{2}$		
Armature convexe.	650	1320
Armature plane.	1400	900

Nicklès conclut de ces expériences que le pôle le plus faible est celui où l'armature a la même forme

que la surface polaire, et que le pôle le plus fort
est celui où ces deux formes sont différentes.

On en peut conclure aussi, ce me semble, que :
si la surface de contact, d'abord très-faible, va en
grandissant, la force attractive croît d'abord pour
décroître ensuite. En effet, les nombres qui expriment les attractions dans les trois expériences précédentes sont les suivants :

Cas de deux surfaces convexes en contact.	Cas d'une surface convexe et d'une surface plane.	Cas de deux surfaces planes égales.
1re Exp... 300	600 et 610	450
2e Exp... 305	660 et 700	500
3e Exp... 650	1320 et 1400	900

Il y a donc une surface de contact pour laquelle
l'attraction est un maximum. Cette conclusion me
parait compléter celle de M. Dub en ce sens que, si
M. Dub avait continué à diminuer la surface de
contact, la force de suspension, au lieu de croître
toujours, aurait fini par décroître, ce qui peut
paraître évident *à priori*.

On peut considérer comme étant de même ordre
ce fait observé par Sturgeon, par Pfaff et par
M. Joule, que les électro-aimants creux sont plus
puissants au contact que les aimants massifs de
même diamètre ; puis cet autre fait, connu depuis
longtemps, qu'une lame de fer petite et mince n'est
presque pas attirée par un aimant ou un électro-
aimant lorsqu'elle est posée à plat sur cet aimant,
tandis qu'elle l'est fortement lorsqu'elle est appli-
quée par la tranche.

16° Dans les électro-aimants, comme dans les aimants permanents, l'attraction devient de plus en plus forte à mesure que l'armature reste plus longtemps suspendue.

§ 2. Cherchons à expliquer tous les faits que nous venons de signaler, en partant de l'hypothèse d'un seul fluide électrique, adoptée dans tout le cours de ce travail. Pour nous, comme nous l'avons énoncé déjà bien des fois, un courant est un mouvement de vibration longitudinal de l'éther accompagné d'un mouvement de transport, mouvement analogue à celui de l'air dans un instrument à vent. Ce courant, soit en s'échappant partiellement par la surface du fil, soit en produisant dans les molécules mêmes du fil un mouvement vibratoire qui se manifeste quelquefois par la production d'un son, provoque dans l'éther environnant un mouvement analogue au sien et sensiblement parallèle au fil. Si le mouvement de transport est constamment supérieur au mouvement vibratoire, qui tantôt l'augmente et tantôt le diminue, la vitesse d'une molécule éthérée est toujours de même sens ; seulement elle passe par des maxima et par des minima. Ce cas paraît être celui des courants voltaïques ; car l'aimantation produite par un courant rectiligne de cette nature sur des aiguilles transversales est toujours de même sens et cela à quelque distance que les aiguilles soient du fil. Ce n'est que dans des conditions exceptionnelles et tout à fait spéciales que Savary est parvenu à opérer un changement de sens dans l'aimantation. Si au contraire le mouvement de transport n'est pas toujours supérieur au mouvement vibratoire, une molécule éthérée animée de deux vitesses tantôt de même sens, tantôt de sens contraire, aura des vitesses tantôt positives, tantôt nulles et tantôt négatives. Ce second cas parait exister très-souvent lorsque les courants sont produits par des décharges électriques. C'est ce que nous verrons plus loin. Ceci posé :

1°-2° Considérons d'abord une molécule d'éther, m, rasant tangentiellement un cylindre de fer doux ou d'acier, placé perpendiculairement au fil ou placé dans l'axe d'une hélice que parcourt un courant voltaïque. Cette molécule, attirée par la masse du cylindre, se rapproche de la molécule voisine M, et si sa vitesse n'est ni trop grande de manière à lui faire continuer sa route, ni trop petite de manière qu'elle tombe sur la molécule M, elle se mettra à tourner autour de cette molécule comme un satellite autour d'une planète. Ce qui existe pour cette molécule existe pour toutes les autres. De là la formation de solénoïdes élémentaires distribués à la surface du cylindre et formant par leur ensemble un solénoïde fini de même sens que celui de l'hélice. Telle est l'explication de l'aimantation d'un cylindre de fer ou d'acier et celle de la position de son pôle central à la gauche du courant inducteur.

3° D'après Savary, un fil conducteur égal et homogène exerce des actions égales dans toute son
étendue, pourvu que le fil ne soit pas très-long et
que les aiguilles soient à quelque distance des extrémités. Cela prouve que l'intensité du courant et
que la tension de l'électricité dans le fil sont sensiblement les mêmes dans toute la longueur du fil ;
ce qui n'est pas, comme nous le verrons bientôt,
pour les courants produits par les décharges électriques. La raison de ce fait est que, dans les courants
voltaïques, la production de l'électricité est continue
et sa tension faible ; tandis que, dans les courants
instantanés produits par les décharges électriques,
la production de l'électricité ne dure qu'un instant
et la tension, qui est très-grande à la source, varie
considérablement d'un point à un autre du fil.

4°-5° Lorsqu'un fil enroulé en hélice est très-
bon conducteur et qu'il est parcouru par un courant très-énergique, la déperdition de l'électricité
autour du fil est très-abondante. Par suite, on conçoit que deux aiguilles placées dans l'intérieur de
l'hélice, l'une sans enveloppe, l'autre entourée d'un
manchon de cuivre, soient très-sensiblement aimantées de la même manière, parce que la quantité
d'électricité absorbée par l'enveloppe de cuivre est
faible par rapport à celle qui la traverse. Il n'en
est plus de même, si le courant est peu énergique ;
de là l'explication de la différence d'aimantation
qui a lieu dans ce dernier cas.

6° **Supposons** maintenant que l'hélice magnétisante, au lieu d'être extérieure, soit intérieure, et qu'elle soit enveloppée par un cylindre creux de fer ou d'acier. Une molécule d'éther, *m*, arrivant auprès de la molécule de fer M sous une inclinaison un peu oblique, *n m*, et avec une vitesse convenable, tendra à tourner autour de cette molécule de droite à gauche dans le sens indiqué par la flèche. Après avoir fait une rotation autour de cette molécule, elle rencontrera en *m'* d'autres molécules animées d'un mouvement contraire au sien. La formation de solénoïdes élémentaires est donc impossible. De là l'explication de ce fait observé par de Haldat, que le tube de fer ou d'acier ne s'aimante pas sous l'influence de l'hélice magnétisante.

Il pourrait en être autrement si le diamètre extérieur de l'hélice différait peu du diamètre intérieur du tube : car le mouvement des molécules telles que *m* devenant presque tangent à la surface intérieure de ce tube, les conditions précédentes n'eisteraient plus. C'est ce que confirme l'une des expériences connues de M. Bertin sur la rotation des liquides quand on interpose des tubes de fer doux entre l'hélice et ces liquides (¹).

7° Nous avons vu que, dans des limites assez étendues, le magnétisme développé dans le cylindre de fer doux intérieur est proportionnel à l'intensité du courant qui circule dans l'hélice magnétisante. C'est la loi de MM. Lentz et Jacobi. L'explication de cette loi résulte de ce que, l'intensité du courant augmentant, le nombre des molécules éthérées qui circulent autour de M augmente en même temps, ou encore de ce que leur vitesse augmente.

8° Mais de là résulte aussi que l'aimantation ne saurait être longtemps proportionnelle à l'intensité du courant, ou, en d'autres termes, que si l'intensité du courant croît indéfiniment, l'aimantation ne peut croître indéfiniment; car le nombre des molécules qui circulent autour de M ne peut être indéfini, et de plus, leur vitesse croissant au delà d'une certaine limite, elles glissent tangentiellement à la surface du cylindre métallique. Ainsi s'explique l'existence d'un maximum d'aimantation constaté par MM. Muller et Weber.

9° Nous avons vu ailleurs qu'un courant circulaire dont le plan est perpendiculaire à l'axe d'un solénoïde et dont le centre se meut sur cet axe,

(¹) J'avais écrit ce qui précède avant de connaître cette expérience.

étant soumis à l'action du solénoïde, est attiré ou repoussé suivant que son courant est de même sens que celui de l'hélice ou qu'il est de sens contraire. Dans le premier cas il vient se placer au milieu du solénoïde et y reste en équilibre. Une hélice n'étant autre chose qu'un assemblage de courants parallèles, vient se placer de manière que le milieu de son axe coïncide avec le milieu de l'axe du solénoïde fixe. D'après cela on comprend qu'un cylindre de fer ou d'acier, dont l'axe est supposé mobile et dirigé suivant l'axe d'une hélice fixe, commence par s'aimanter sous l'influence de cette hélice, puis soit attiré comme il vient d'être dit. C'est ce que confirme l'expérience de J. Nicklès.

10° Nous avons vu de plus d'après les mêmes formules, que l'action du solénoïde fixe sur le solénoïde mobile est proportionnelle au produit ii' des intensités des courants qui parcourent les deux solénoïdes. D'autre part, le cylindre aimanté étant considéré comme un solénoïde, nous savons, d'après l'expérience citée plus haut de MM. Lentz et Jacobi, que l'aimantation ou plutôt l'intensité i' du courant induit produit par cette aimantation est, dans des limites assez étendues, proportionnelle à l'intensité i du courant inducteur. Donc l'action du solénoïde sur le cylindre aimanté doit être proportionnelle à i^2. C'est la loi de M. Hankel.

11°-12° L'expérience et la théorie nous ont montré que l'intensité du courant inducteur croissant indéfiniment, l'aimantation du barreau ne peut croître au delà d'une certaine limite. Supposons que l'intensité du courant surpasse celle qui est nécessaire pour communiquer cette limite au barreau. Une portion de son action est sans effet. Si on augmente d'un côté la longueur du barreau, toute l'électricité qui s'échappe du fil finit par être employée à l'aimantation de ce dernier et augmente son action sur l'armature, qui est placée près du pôle opposé. Mais si on continue à l'allonger toujours dans le même sens, l'électricité qui s'échappe du fil devient insuffisante pour lui donner son aimantation maxima et l'action du pôle opposé diminue. Donc cette action doit croître d'abord pour décroître ensuite. C'est l'expression exacte du fait (12°) observé par Nicklès. En expérimentant avec des courants très-énergiques, il avait conclu d'abord que *les barreaux aimantés gagnent à être allongés*. Ce n'est qu'avec des courants plus faibles qu'il est arrivé au résultat précédent. Il est probable que si l'intensité du courant inducteur était plus faible encore et inférieure à celle qui est nécessaire pour produire l'aimantation maxima, l'action du même pôle ne ferait que décroître par l'allongement du barreau du côté du pôle opposé.

13°-14° Nous avons expliqué précédemment l'attraction d'un aimant sur le pôle contraire d'un autre aimant, en attribuant aux courants circulaires et de même sens, qui existent entre les surfaces de contact, le pouvoir de chasser l'*éther* et l'*air* qui se trouvaient entre ces surfaces, de manière à permettre et à l'*attraction moléculaire* comme force principale et à la *pression atmosphérique* comme force secondaire, de rapprocher les deux surfaces et de les faire adhérer l'une à l'autre. Ceci rappelé, concevons qu'une même armature soit mise en présence de deux pôles contraires d'un électro-aimant en fer à cheval. Si ces pôles sont très-rapprochés l'un de l'autre, les courants circulaires, qui sont de même sens dans l'intervalle qui les sépare, ajoutent leur action. Dans la partie extérieure à chacun d'eux, les courants circulaires sont de sens contraires et leurs actions se neutralisent en partie. Quand on écarte ces pôles par l'allongement du fer à cheval, les actions qui se détruisent en partie diminuent plus rapidement que les actions de même sens et qui s'ajoutent, à cause des distances. Donc l'action de chaque pôle sur l'armature doit augmenter. Si l'on continue à écarter ces pôles, les courants intérieurs et de même sens cessent eux-mêmes d'ajouter leurs actions, et chaque pôle est réduit sensiblement à son action propre. Donc l'action collective des deux pôles sur une même armature doit croître d'abord et décroître ensuite. C'est le fait observé par J. Nicklès (14°).

15° Quant à l'influence de l'étendue des surfaces en contact, elle s'explique aussi simplement par les mêmes considérations. Concevons que cette étendue soit juste assez petite pour que l'éther et l'air intercalés soient expulsés entièrement; l'attraction moléculaire et la pression atmosphérique auront tout leur effet. Si cette étendue des surfaces en contact diminue, l'effet diminuera évidemment à raison de la diminution du nombre des molécules qui s'attirent. Si cette étendue augmente au contraire, l'effet diminuera encore parce que l'expulsion de l'éther et de l'air intercalés, se faisant de moins en moins parfaitement, empêchera de plus en plus l'union des molécules pondérables de s'effectuer. Donc il y a une étendue des surfaces de contact pour laquelle, toutes les autres circonstances restant les mêmes, l'attraction est un maximum. C'est l'explication du fait observé par MM. Dub et Nicklès.

16° Il me paraît à peine nécessaire de signaler le fait de l'adhérence de plus en plus forte de l'armature, à mesure qu'elle est plus longtemps suspendue à l'électro-aimant. Il est évident que l'éther et l'air intercalés sont de plus en plus expulsés avec le temps.

§ 3. *Aimantation de l'acier.* — Outre les faits précédents, citons encore les suivants qui sont plus spécialement relatifs à l'acier. Les uns sont dus à des travaux déjà anciens de MM. Abria, Wiedemann, etc.; d'autres à des travaux tout à fait récents de MM. Jamin, Bouty, etc. Nul doute que le nombre de ces derniers ne s'accroisse considérablement d'ici à quelques années.

1° Un premier fait dont on tire des conséquences importantes pour la théorie de l'aimantation de l'acier est cité par Verdet [1]. Pendant que le courant qui produit l'aimantation d'un barreau d'acier persiste, l'état magnétique est souvent supérieur à celui qui reste après l'aimantation. D'un autre côté, si l'on fait agir sur un barreau déjà aimanté un courant capable de l'aimanter en sens contraire, on diminue le magnétisme, mais seulement d'une manière temporaire. On observe même quelquefois que, sous l'action d'un courant trop faible pour désaimanter le barreau entièrement, la diminution du magnétisme peut aller jusqu'au renversement des pôles, et qu'après la cessation du courant, l'aimantation reparaît avec son sens primitif. Ces deux faits, qui semblent être contradictoires quand on attribue le magnétisme temporaire et le magnétisme permanent aux mêmes molécules, s'expliquent facilement, quand on admet, comme le font plusieurs physiciens, que la condition, quelle qu'elle soit, qui correspond à la conservation d'un certain magnétisme permanent, n'est communiquée par l'aciération ou la trempe qu'à un certain nombre de molécules, tandis que les autres conservent les propriétés magnétiques du fer doux. Nous reviendrons sur ce sujet.

2° Relativement au renversement du magné-

____

[1] *Œuvres de Verdet*, t. IV, p. 219.

tisme dans les barreaux d'acier, voici les faits principaux qui résultent des expériences de M. Wiedemann (^{1}) : « Pour des intensités croissantes du courant inducteur, l'aimantation ne croît pas toujours régulièrement ; mais si, après avoir été aimanté puis désaimanté, le barreau est aimanté de nouveau par des courants d'intensité croissante, son aimantation croît régulièrement et, toutes choses égales d'ailleurs, est un peu plus forte que dans la première série d'expériences. — *b*) L'aimantation développée par le courant croît moins vite que l'intensité du courant, ce qui est d'accord avec les expériences de M. Muller citées précédemment. — *c*) Pour désaimanter un barreau, il faut un courant d'*intensité beaucoup plus faible* que pour l'aimanter. — *d*) Si un barreau désaimanté par la chaleur est fortement aimanté par un courant, puis désaimanté par un courant contraire, on ne peut, avec ce dernier courant et à plus forte raison avec un courant plus faible, aimanter le barreau dans le sens opposé à l'aimantation primitive, tandis qu'on peut l'aimanter facilement dans le même sens si on fait agir le courant dans ce sens. — *e*) Si un barreau aimanté par un courant d'intensité i, est désaimanté partiellement par un courant contraire, il faudra encore un courant d'intensité i pour lui rendre son aimantation primitive. —

(^{1}) *Annales de chimie et de physique* [3], t. L, p. 188 (1857). *Œuvres de Verdet*, t. IV, p. 220.

f) L'aimantation A d'un barreau étant réduite à une valeur inférieure B par un courant contraire d'intensité *i*, puis ramenée à une valeur C supérieure à B, mais inférieure à A par un courant de même sens que le courant primitif, mais d'intensité moindre que lui, il faudra encore un courant d'intensité *i* pour faire décroître l'aimantation de la valeur C à la valeur B. — *g*) L'aimantation permanente que conserve un barreau après que l'hélice magnétisante a cessé d'agir, se trouve augmentée si l'on donne quelques coups au barreau pendant l'action de l'hélice, et se trouve diminuée si ces coups sont donnés après l'action du courant. Un barreau, désaimanté par l'action d'un courant, reprend une partie de son aimantation sous l'influence des coups.

3° Quand on introduit lentement une aiguille d'acier dans une hélice traversée par un courant constant et qu'on l'extrait de même par l'autre côté, on reconnaît, en mesurant le moment magnétique permanent qu'elle acquiert, que la répétition du passage accroît ce moment. Au bout de x passages, il est assez bien représenté par la formule empirique :

$$\mu = A - \frac{B}{x} \qquad (1)$$

A—B représentant le moment magnétique après le premier passage, et A la limite vers laquelle il converge indéfiniment. (Bouty.)

L'accroissement du moment magnétique par la répétition des passages est indépendant de la durée de l'immersion.

4° Si l'on aimante une aiguille d'acier dans une bobine, par l'un des procédés suivants :

a) On introduit l'aiguille, on établit le courant et on retire l'aiguille lentement (établissement).

b) On introduit l'aiguille lentement, pendant le passage du courant ; on interrompt le courant et l'on retire l'aiguille (interruption).

c) On introduit l'aiguille, on établit et on interrompt le courant ; on retire l'aiguille (décharge disruptive). On observe que la répétition de chacun de ces procédés produit une augmentation du magnétisme de l'aiguille et que, si toutes les opérations effectuées sont de même espèce et exécutées dans des conditions identiques, les résultats de l'expérience sont bien représentés par la formule (1). La limite A paraît être la même pour les passages et les interruptions, mais plus faible pour les établissements. (Id.)

5° Si dans un circuit qui renferme deux bobines, on introduit lentement dans l'une d'elles et si on en extrait lentement un noyau de fer doux, l'opération est sans effet sur le magnétisme d'une aiguille placée dans l'autre bobine. Mais si, après avoir introduit le noyau de fer doux lentement, on le retire brusquement, le courant induit direct augmente le moment magnétique de l'aiguille. La répétition de cette opération fait tendre rapidement le moment magnétique vers une certaine limite, en le faisant passer par différents états de grandeur assez bien représentés par la formule empirique :

$$\mu = A + B(1 - e^{-cx})$$

A, B, x étant des constantes, x le nombre des passages. La formule :

$$\mu = B(1 - e^{-cx})$$

représente l'accroissement du moment magnétique de l'aiguille, opéré par des courants induits égaux. (Id.)

6° Si l'on introduit dans une bobine, qui fait partie du circuit d'une pile, une aiguille déjà aimantée par un grand nombre de passages, l'établissement du courant accroît son moment magnétique d'une quantité souvent très-considérable ; ce qui prouve que le courant possède, au moment de la fermeture, une intensité beaucoup plus grande que celle qu'il conserve un instant après. Quand la résistance de la spirale augmente, l'effet propre de l'établissement tend à disparaître. (Id.)

7° Les interruptions n'ont pas d'effet bien marqué sur les aiguilles, tant que la résistance de la bobine n'est pas très-forte ; mais dans ce dernier cas, si l'on introduit dans la bobine une aiguille fortement aimantée, de manière que son pôle austral soit à la gauche du courant, on obtient toujours, par l'interruption, une diminution du moment magnétique de l'aiguille. (Id.)

8° Si le circuit contient deux bobines, P et Q, l'une très-forte, l'autre très-faible, l'interruption du circuit augmente beaucoup le moment magnétique d'une aiguille qui a été aimantée dans Q par un grand nombre de passages ; au contraire elle diminue le moment magnétique d'une aiguille fortement aimantée, placée dans Q et ayant son pôle austral à gauche du courant principal. Cet effet est beaucoup plus prononcé quand P contient un noyau de fer doux. Exemple :

	Moment.
Aiguille aimantée par des passages dans Q .	1,16
Interruptions	11,10
Aiguille fortement aimantée.	36,28
Interruptions	35,40

Ainsi, conclut M. Bouty, un même courant instantané complexe aimante les aiguilles non aimantées et désaimante partiellement des aiguilles fortement aimantées.

Ce fait et le précédent, qui sont assez singuliers en eux-mêmes, recevront une explication qui, je l'espère, paraîtra satisfaisante.

9° Imaginons qu'après avoir formé un faisceau de section carrée par la réunion de quatre barreaux carrés de même longueur, on trempe dur ce faisceau et qu'on l'aimante. On mesure ensuite son moment magnétique et, après l'avoir démonté, on mesure le moment de chaque barreau séparé. On trouve que la somme de ces moments est très-notablement supérieure au moment magnétique du faisceau. Si l'on réunit ces barreaux deux par deux, la somme des moments magnétiques des faisceaux partiels est intermédiaire au moment du faisceau total et des barreaux séparés. Enfin, si l'on reconstitue le faisceau primitif, le moment magnétique revient à sa valeur première. (Id.)

Passons à l'explication des plus importantes de ces expériences.

1° Les faits cités dans le numéro (1°) ont paru contradictoires à plusieurs physiciens, quand on attribue aux mêmes molécules ce qu'ils appellent le magnétisme permanent et le magnétisme temporaire. Aussi regardent-ils l'acier aimanté comme *magnétiquement* hétérogène. Physiquement, il paraît formé d'une masse ferrugineuse dans laquelle est répandue d'une manière très-irrégulière la substance aciéreuse carbonatée. D'après Holtz, cette dernière substance serait le *vrai support de la force coercitive* et le reste de la masse en serait à peu près dépourvu. Nous admettrons avec ce savant qu'il existe une grande différence entre les pouvoirs coercitifs des deux espèces de molécules, sans admettre toutefois qu'aucune d'elles possède ce pouvoir d'une manière tout à fait permanente et absolue. D'après cela il est aisé de s'expliquer pourquoi l'état magnétique est souvent, pendant l'aimantation, supérieur à celui qui persiste après l'aimantation et pourquoi, après avoir désaimanté un barreau d'acier par un courant contraire, soit partiellement, soit même jusqu'au renversement des pôles, on voit, après la cessation du courant, reparaître l'aimantation avec son sens primitif. Une autre explication, pour le moins aussi naturelle, est la conséquence d'expériences récentes dues à M. Jamin. Il résulte de ces expériences, que l'aimantation, tout en restant à la surface, pénètre jusqu'à une certaine profondeur. Les solénoïdes élémentaires et superficiels peuvent donc être détruits sans que les solénoïdes sous-jacents et parallèles le soient. De là, la réapparition du sens primitif de l'aimantation, même après un renversement momentané des pôles.

2° Enfin, d'après les expériences de Wiedemann, nous avons vu que, pour désaimanter un barreau, il faut un courant beaucoup plus faible que pour l'aimanter. Cela doit être, puisqu'il suffit que ce courant détruise partiellement la vitesse des molécules éthérées qui circulent autour des molécules pondérables, de manière à rendre cette vitesse inférieure à la limite qui est nécessaire pour que la rotation ait lieu.

D'après le même auteur, si un barreau, aimanté par un courant d'intensité i, est désaimanté par un courant contraire, il faut encore un courant d'intensité i pour lui rendre son aimantation primitive. Ce fait et d'autres que nous avons cités prouvent qu'une aimantation donnée correspond à une intensité déterminée du courant inducteur. Ainsi pour produire cette aimantation, il ne suffirait pas de faire agir *successivement* des courants d'intensité i', i'', i'''..., tels que l'on eût $i' + i'' + i''' + ...$ $= i$. L'aimantation produite correspondrait à la plus forte de ces intensités. Cela doit être, puisque la grandeur de l'aimantation correspond, dans notre manière de voir, à un mouvement déterminé des molécules éthérées qui enveloppent l'aiguille aimantée.

Pour résumer ce qui précède, il me semble qu'on est en droit de conclure que les faits connus jusqu'à présent sur l'aimantation du fer et de l'acier par les courants voltaïques trouvent une explication simple et naturelle dans la théorie d'un seul fluide électrique. Il va en être de même des faits non moins curieux relatifs à l'aimantation par les décharges [1].

6° Au moment de l'établissement d'un courant, l'électricité se précipite avec force dans le fil conducteur, à cause de la différence des tensions qui existent dans la pile et dans le fil. De là production de chocs plus violents et plus répétés contre les molécules pondérables que quand le courant est établi, et par suite perte plus considérable d'éther dans les environs du fil. Rien d'étonnant, par conséquent,

---

[1] L'auteur n'a eu connaissance des faits (3°), (4°) et suivants qui sont tout récents, qu'après la rédaction de son travail.

que l'établissement du courant accroisse, même considérablement, le moment magnétique d'une aiguille déjà aimantée par un grand nombre de passages dans une hélice que parcourt le courant. L'effet de l'établissement du courant doit disparaître de plus en plus, si la résistance du fil augmente de manière à empêcher l'électricité de se précipiter dans le fil. Tous ces faits sont vérifiés par l'expérience.

7° Quant à l'effet des interruptions d'un courant sur un aimant, il doit être de même nature que celui des courants instantanés, sauf que, le degré de tension étant beaucoup moindre dans les premiers courants que dans les courants à décharges, l'effet doit être insignifiant tant que la résistance du conducteur n'est pas très-forte, de manière à produire des mouvements de recul de sens contraire au sens du courant. Dans ce dernier cas, si l'on introduit dans une bobine une aiguille fortement aimantée, ayant son pôle central à la gauche du courant, il doit toujours y avoir diminution du moment magnétique de l'aiguille. C'est ce qui a lieu.

8° Si dans un circuit se trouvent deux bobines, P et Q, l'une très-forte, l'autre très-faible, nous avons vu que l'interruption du circuit augmente beaucoup le moment magnétique d'une aiguille qui a été aimantée dans Q par un grand nombre de passages. L'explication de ce fait est la même que celle que nous avons déjà donnée de l'action due à l'établissement d'un courant. Par suite de l'interruption, les courants cessent et renaissent. Au moment de la renaissance, il se produit des chocs plus violents et plus répétés des molécules éthérées contre les molécules pondérables, et par suite une perte plus considérable de fluide autour du fil et une production de courants plus intenses. Ces courants ne cessent pas, du reste, d'être de même sens que celui du fil, à cause de la faible tension de ce dernier et de la faible résistance du fil. De là augmentation de l'aimantation.

Si l'aiguille est beaucoup plus fortement aimantée qu'elle ne le serait sous l'influence seule du courant de l'hélice, les courants brusques produits par les interruptions, ayant des intensités beaucoup moindres que celle des courants qui circulent autour des molécules de l'aiguille, ou du moins que celle qui est nécessaire pour produire ces courants, ne peuvent que les faire décroître, soit en diminuant le nombre des molécules, soit en diminuant la quantité de mouvement de ces molécules.

9° Il est à peine nécessaire de dire pourquoi le moment magnétique d'un faisceau formé par la réunion de quatre barreaux carrés est moindre que la somme des moments de ces barreaux réunis deux à deux, et pourquoi cette dernière somme est encore moindre que celle des moments des quatre barreaux séparés. Les courants élémentaires, qui circulent sur les surfaces en contact, étant de sens contraire, neutralisent leurs actions.

II. AIMANTATION PRODUITE PAR LES DÉCHARGES.

§ 4. Pour suivre l'ordre que nous avons adopté jusqu'à présent, commençons par exposer les lois principales que l'expérience a fait découvrir. La plupart sont dues à Savary [1].

Cas d'un conducteur rectiligne :

1° *On peut aimanter une aiguille d'acier par le passage d'une décharge dans un fil conducteur perpendiculaire à l'aiguille.* (Arago.)

2° *Le sens de l'aimantation produite par une décharge n'est pas toujours le même dans toute la longueur du fil conducteur.* Savary, à qui on doit la découverte de ce fait important, disposait une série d'aiguilles dans des directions horizontales sur un même plan légèrement incliné, de manière que leurs milieux fussent sur une même ligne de plus grande pente et au-dessous d'un conducteur horizontal AB. La première aiguille qui est en contact avec le fil de platine est aimantée *normalement*, c'est-à-dire que le pôle austral est à la gauche du courant et son intensité est *maxima*. A partir de là l'aimantation décroît successivement jusqu'à zéro; puis elle change de signe, c'est-à-dire que le pôle austral passe de l'autre côté du fil et son intensité croit d'abord pour décroître ensuite jusqu'à zéro. Savary

[1] *Annales de chimie et de physique* [2], t. XXXIV, p. 5 (1827).

a pu constater ainsi jusqu'à sept changements de signes successifs et par suite sept maxima; seulement l'intensité va en diminuant d'un maximum au suivant.

3° Quand l'intensité de la décharge électrique diminue, toutes les autres circonstances restant les mêmes, les changements de sens dans l'aimantation finissent par disparaître et sont remplacés par de simples maxima et minima. Le sens de l'aimantation tend de plus en plus à devenir uniforme comme dans le cas des courants voltaïques.

4° Si on augmente la longueur du fil et par conséquent la résistance, toutes les autres circonstances restant les mêmes, les changements de signes diminuent en nombre et finissent par disparaître. Pour un circuit long et peu conducteur, il n'y a plus de changement de signes et le magnétisme des aiguilles décroît avec régularité. (Savary.)

5° Trois fils de laiton de même longueur (1 mètre) et dont les diamètres étaient entre eux comme les nombres $1-3-6$ ($0^{mm},125 - 0^{mm},375 - 0^{mm},750$), essayés isolément, ont donné, pour une décharge égale, le plus fin deux changements de signes, et les deux autres quatre changements de signes. Ces faits prouvent que le diamètre du fil influe sur le nombre des changements de signes, et que ce dernier nombre tendrait à augmenter avec le diamètre du fil. (Id.)

6° Le diamètre des aiguilles a aussi une influence

marquée sur le phénomène précédent. A mesure que l'aiguille augmente, les circonstances qui donnent naissance à un changement de signes, ne produisent plus qu'un maximum et ce maximum diminue lui-même de plus en plus. Les aiguilles épaisses présentent les mêmes phénomènes que les aiguilles minces sous l'influence de faibles décharges. Pour des décharges de plus en plus fortes, elles présenteraient des changements de signes comme les aiguilles minces. (Savary.)

7° Un fait qui me parait résulter de toutes les expériences de Savary, et qui n'a pas été signalé, c'est que le sens de l'aimantation est direct, non-seulement à l'entrée de la décharge dans le fil, mais aussi à la sortie du fil.

Jusqu'à présent il n'a été question que du sens de l'aimantation. Quant à l'intensité, il est vrai de dire que les circonstances qui influent sur les changements de signes, comme l'intensité de la décharge, le diamètre du fil, la longueur du fil, sont aussi celles qui influent sur la grandeur de l'aimantation.

8° La décharge et la longueur du fil restant constantes, il y a un diamètre pour lequel la moyenne d'aimantation a la plus grande valeur possible, c'est-à-dire une valeur plus grande que pour des diamètres plus grands ou plus petits, et ce diamètre est d'autant plus grand que le fil est moins conducteur. (Id.)

9° La décharge et le diamètre du fil restant

constants, il y a une longueur du fil pour laquelle
le maximum d'aimantation est plus grand que le
maximum correspondant à des longueurs plus grandes ou plus petites, et cette longueur est d'autant
plus petite que le fil est moins conducteur. (Id.)

10° Dans un circuit hétérogène, l'action d'une
décharge est sensiblement la même pour tous les
points du circuit. Savary l'a constaté à l'aide d'un
circuit formé de trois fils de laiton ayant la même
longueur (1 mètre), et des diamètres dont les di-
mensions étaient entre elles comme les nombres
1—3—6 (0^{mm},125, — 0^{mm},375, — 0^{mm},750).

11° Si l'on pose des aiguilles sur une large plaque
métallique, entre cette plaque et le fil conducteur,
elle augmente leur aimantation pour de très-faibles décharges, et d'autant plus qu'elle est plus
épaisse. Si on fait croître la décharge, il arrive un
moment pour lequel une plaque épaisse augmente
l'aimantation et une plaque mince la diminue. Pour
des décharges plus fortes encore, l'une et l'autre
l'affaiblissent, la dernière surtout, et elle finit par
donner aux aiguilles un magnétisme contraire à
celui que le courant seul développerait. (Id.)

12° Si l'on interpose une large plaque entre le
conducteur et les aiguilles, elle affaiblit beaucoup
l'aimantation pour des décharges très-faibles et
l'augmente pour des décharges plus fortes. Ainsi
pour une même décharge, une plaque mince et une
plaque épaisse peuvent produire des effets contrai-

res, et il y a une certaine épaisseur pour laquelle l'effet est nul. (Id.)

13° En général, deux faces d'une même plaque exercent des actions contraires. (Id.)

14° Des plaques de différents métaux de même forme et d'égales épaisseurs exercent des actions qui varient avec l'intensité des décharges. Ainsi le cuivre rouge en plaques minces agit moins que le laiton, et en plaques beaucoup plus minces encore il finit par agir davantage. (Id.)

Cas d'un fil conducteur en hélice :

15° Si l'on augmente graduellement l'intensité des décharges qui traversent un conducteur disposé en hélice, le sens de l'aimantation d'une aiguille placée dans l'axe de l'hélice est normal d'abord pour une intensité très-faible, puis il change de signe et peut même subir plusieurs changements successifs d'autant plus nombreux que la différence entre les décharges extrêmes est plus grande. (Id.)

16° La décharge restant la même, si on fait varier la résistance du circuit, le nombre des changements de signes est d'autant moindre que la résistance est plus grande. (Id.)

17° Une décharge donnée produit une aimantation dont l'intensité est d'autant plus grande que la longueur du fil est plus grande et son diamètre plus petit. L'hélice et la nature du fil sont supposées les mêmes.

18° Si l'on fait passer dans un même fil des décharges de plus en plus faibles, le maximum diminue à mesure qu'on approche du conducteur, sans cependant qu'on obtienne de changement de signe.

Quand, en laissant les mêmes le diamètre et la longueur du fil, on fait varier la longueur, le diamètre et le pas de l'hélice, on observe :

19° Que la longueur de l'hélice n'a presque plus d'influence sur l'intensité de l'aimantation dès qu'elle atteint sept à huit fois la valeur de son diamètre et qu'elle est égale à deux ou trois fois la longueur de l'aiguille, ou, comme Arago l'a énoncé le premier, que des aiguilles, distribuées d'une manière quelconque dans l'intérieur d'une hélice suffisamment longue et parallèlement à son axe, acquièrent des intensités sensiblement égales.

20° Que le degré d'aimantation est à très-peu près le même dans deux hélices de diamètres différents pourvu qu'elles soient assez longues et que leurs pas soient égaux et sensiblement courts.

21° Qu'enfin, si les spires sont peu écartées (3 millimètres par exemple), l'action d'une hélice est d'autant plus grande que son diamètre est plus petit ; toutefois cette augmentation d'action est extrêmement faible. (Savary.)

22° Si l'on interpose entre l'hélice magnétisante et l'aiguille de fer ou d'acier magnétisée, des corps *non conducteurs*, tels que du bois, du verre, l'aimantation se fait à travers ces corps sans éprouver de changement sensible. Ainsi deux aiguilles placées dans une même hélice, l'une enfermée dans un tube de cristal, l'autre hors de ce tube, reçoivent la même quantité de magnétisme. (Arago.)

23° Quant à l'influence des *corps conducteurs* sur l'aimantation, elle varie avec l'épaisseur de l'enveloppe. Savary, ayant placé dans une hélice deux aiguilles, l'une sans enveloppe, l'autre entourée d'un cylindre épais de cuivre rouge isolé du conducteur, trouva qu'une décharge, qui aimantait fortement la première, ne produisait aucun effet sur la seconde. Diminuant graduellement l'épaisseur de l'enveloppe métallique, l'intensité des décharges étant toujours la même, il constata que l'aiguille enveloppée subissait une action de plus en plus sensible. Elle devint d'abord aussi magnétique que l'autre aiguille, puis plus magnétique qu'elle; atteignit un maximum d'intensité; enfin se rapprocha de nouveau par des diminutions successives du même degré d'aimantation qu'elle.

24° A mesure que l'intensité des décharges augmente, l'épaisseur d'enveloppe métallique pour laquelle l'aiguille enveloppée et l'aiguille non enveloppée reçoivent le même degré d'aimantation devient de plus en plus grande. Cette épaisseur sans action est très-petite pour de faibles décharges.

§ V. Passons à l'explication des faits précédents.

Pour Verdet : « Les éléments magnétiques, dé-
« placés par l'action du courant, oscillent autour

« d'une position d'équilibre. Si l'action du courant
« persiste, les oscillations s'éteignent et les élé-
« ments se fixent dans leur position d'équilibre.
« Mais, si l'action est instantanée, son seul effet
« est de communiquer aux petits éléments magné-
« tiques une impulsion initiale et, une fois en
« mouvement, ces éléments sont soumis à leurs
« actions réciproques et à la force coercitive qui
« agit en sens contraire de leur mouvement. Les
« positions dans lesquelles ils se placent en équi-
« libre doivent dépendre des impulsions initiales.
« On comprend ainsi que les éléments puissent
« accomplir une rotation complète et que par con-
« séquent le corps ne soit pas aimanté..... »

D'après M. Becquerel, le renversement des pôles
observé par Savary tient à ce que : « la décharge
« électrique donne lieu à des effets d'induction in-
« verses à différentes distances, et provenant de ce
« que, le courant électrique dû à la décharge étant
« de peu de durée, les courants d'induction pro-
« duits lors de la fermeture et de l'ouverture du
« circuit ont lieu presque simultanément ; l'un ou
« l'autre peut prédominer suivant la position des
« aiguilles par rapport aux fils et donner lieu à des
« aimantations en sens inverses. »

Si je ne me trompe, les explications précédentes
me paraissent rendre compte de la possibilité du
phénomène, mais non des lois qui le régissent.

Savary regarde une décharge électrique comme

un phénomène du mouvement. « Ce mouvement
« est-il un transport de matière continu dans un
« sens déterminé ? Alors les alternatives de magné-
« tismes opposés, que l'on observe à diverses dis-
« tances d'un conducteur rectiligne, ou dans une
« hélice pour des décharges graduellement crois-
« santes, seraient dues uniquement aux réactions
« mutuelles des particules magnétiques dans les
« aiguilles d'acier. La manière dont l'action d'un
« fil change avec la longueur me paraît exclure
« cette supposition. Le mouvement électrique, pen-
« dant la décharge, se compose-t-il au contraire
« d'une suite d'oscillations transmises du fil aux
« milieux environnants et bientôt amorties par des
« résistances qui s'élèvent rapidement avec la vi-
« tesse absolue des parties agitées ? Tous les phé-
« nomènes conduisent à cette hypothèse, qui fait
« dépendre, non-seulement l'intensité, mais le sens
« du magnétisme, des lois suivant lesquelles les
« petits mouvements s'amortissent dans le fil, dans
« le milieu qui l'entoure, dans la substance qui
« reçoit et conserve l'aimantation. »

De toutes les explications précédentes, celle de
Savary me paraît se rapprocher le plus de la vérité.
C'est, dans tous les cas, celle qui se rapproche le
plus des idées émises dans ce travail ; elle diffère
cependant de la théorie que je vais essayer de développer en ce qu'elle n'admet aucun mouvement
de translation, mais seulement un mouvement de

vibration longitudinal. Or, sans le mouvement de translation que deviennent les formules de Ohm, d'où se déduisent les lois de la distribution de l'électricité dans les corps et presque toute la théorie des phénomènes électriques? D'ailleurs, c'est le mouvement de translation même qui va nous expliquer en partie l'existence des plus grands mouvements vibratoires. Lorsque le fluide se propage d'une manière continue et à faible tension, comme cela a lieu dans les courants voltaïques, le mouvement de vibration est peu prononcé et ne se manifeste, comme nous l'avons vu précédemment, par aucun changement de signe dans l'aimantation des aiguilles, et cela *à quelque distance que ces aiguilles soient du fil inducteur*. Il en est autrement dans le cas des décharges où l'électricité se propage instantanément et à très-forte tension. Il arrive qu'à une certaine distance de l'origine du fil, plus ou moins grande suivant que la quantité du fluide est moins ou plus considérable, il se produit un arrêt, soit parce que la quantité d'électricité est trop grande pour le passage qui lui est offert, soit parce que les molécules du fil, très-fortement ébranlées, obstruent elles-mêmes ce passage. De là un mouvement de recul, qui, en prédominant d'abord, produit des vitesses négatives et qui finit bientôt par être détruit par le mouvement direct. Soit A_1 le point d'arrêt ; les vitesses des molécules dans l'intervalle OA_1 pourront être représentées par les coordonnées d'une courbe sinusoïdale telle que $AB A_1$. Soit que l'électricité se perde par la surface du fil entre les points A_1 et B, soit que les molécules pondérables

reprennent leurs positions primitives, la source qui n'a pas épuisé toute son électricité, continuant à en fournir, produit un nouveau mouvement de propagation au delà du point A_1 avec des vitesses positives jusqu'à un nouveau point d'arrêt A_2. Là, nouveau rebroussement, production de vitesses négatives jusqu'à un point tel que B_1, production de vitesses positives de A_1 à B_1 et ainsi de suite. On comprend que les maxima doivent aller en diminuant, ce qui est conforme à l'expérience.

On comprend aussi qu'à l'extrémité du fil il ne puisse y avoir de point d'arrêt et que par suite, dans le voisinage de ce point, il ne puisse y avoir d'aiguilles aimantées négativement. C'est une remarque que j'ai signalée précédemment et qui me paraît résulter des observations consignées dans le mémoire de Savary. Telle est l'explication des faits 1, 2 et 7.

3° Si l'intensité du courant, c'est-à-dire, dans l'hypothèse d'un mouvement de transport, la quan-

tité d'électricité qui traverse une même section du
fil dans l'unité de temps, vient à diminuer, les circonstances que nous venons de signaler tendront à
disparaître de plus en plus et par suite les changements de sens dans l'aimantation devront disparaître aussi. C'est ce que confirme l'expérience.
Nous avons vu que ces changements de signe sont
remplacés d'abord par de simples minima et que
ceux-ci finissent par disparaître eux-mêmes.

4° De plus, toutes les circonstances qui influent
sur l'intensité de la décharge dans un sens ou dans
l'autre, doivent influer sur le phénomène des changements de signe. C'est ce qui a lieu et dans le sens
prévu par la théorie. D'après la formule de Ohm :

$$i = \frac{K\,\omega\,(c_1 - c_2)}{l}$$

nous voyons que, pour une même décharge, la
valeur de i décroit si la conductibilité du fil décroit
ou si la longueur du fil croit. Or, nous avons reconnu que, dans ces conditions, les changements
de signe diminuent en nombre et finissent même
par disparaître, de sorte qu'il n'en existe plus dans
un fil long et peu conducteur.

5° D'après la même formule, la valeur de i augmente avec la section ω ; il doit donc en être de
même du nombre des changements de signes, c'est
ce que les expériences de Savary nous ont montré ;
car trois fils de laiton de même longueur et dont
les diamètres étaient entre eux comme les nombres

1—3—6 ont donné, pour une décharge égale, le premier deux changements de signes, et les deux autres quatre.

Il ne me paraît pas inutile de faire observer que, si la théorie actuelle est la vraie, les faits que nous venons de signaler et d'expliquer dans ce numéro et dans le numéro précédent ne doivent pas se réaliser dans tous les cas imaginables. Il est naturel d'admettre que, quand on augmente l'intensité du courant qui circule dans un fil, on favorise les conditions nécessaires pour que les changements de signe aient lieu. Mais si la conductibilité est assez grande pour que le courant circule sans rebroussement comme dans les courants voltaïques, il n'y aura plus de changement de sens dans l'aimantation. De même, si cette conductibilité est assez faible pour que le courant ne pénètre pas ou presque pas dans le fil, il n'y aura pas de changement non plus.

6° Enfin nous avons reconnu que le diamètre des aiguilles a aussi une influence sur le sens ou plutôt sur l'intensité de l'aimantation. A mesure que l'aiguille augmente de grosseur, les changements de signes disparaissent et sont remplacés par de simples *maxima* et *minima*, qui eux-mêmes finissent par disparaître. Les aiguilles épaisses présentent, pour de fortes décharges, les mêmes phénomènes que les aiguilles minces pour des décharges faibles. Cela doit être. En effet, pour qu'il y ait aimantation, il faut que la vitesse des molécules éthérées qui s'échappent du fil et qui rasent tangentiellement l'aiguille ne soit ni trop faible, ni trop grande. Dans le premier cas, ces molécules, attirées par la masse de l'aiguille, tombent sur les molécules pondérables voisines et y restent adhérentes sans tourner autour d'elles; dans le second cas, elles poursuivent leur route sans s'arrêter sur l'aiguille. Le premier cas doit se présenter, si le diamètre de l'aiguille augmente, sans que la décharge augmente, surtout pour les molécules qui sont animées d'un mouvement de recul, dont la vitesse est relativement très-faible. De là l'apparition de simples *minima* à la place des changements de signes. Ces *minima* doivent de nouveau faire place aux changements d'aimantation si les décharges deviennent plus fortes, en même temps que les aiguilles grossissent. L'explication du phénomène me parait donc complète et très-naturelle.

Les faits que nous venons d'exposer et d'expliquer sont relatifs surtout aux changements de sens qui existent dans l'aimantation. Ceux qu'il nous reste à examiner, pour suivre l'ordre adopté plus haut, se rapportent à la grandeur de l'aimantation. Ils ne nous offriront pas plus de difficulté. Si nous répétons pour les courants produits par les décharges ce que nous avons dit pour les courants voltaïques, nous verrons qu'il doit y avoir une intensité i du courant pour laquelle l'aimantation est maxima. Au-dessous de cette intensité, l'aimantation diminue, soit parce que le nombre des molécules éthérées qui rasent les aiguilles tangentiellement diminue, soit parce que, leur vitesse diminuant, elles tombent sur les molécules pondérables sans tourner autour d'elles ; au-dessus de cette intensité l'aimantation diminue encore parce que la vitesse des molécules éthérées devient trop grande et que ces molécules rasent les aiguilles sans s'y arrêter. Ceci posé, d'après la formule :

$$i = \frac{K\omega(v_1 - v_2)}{l}$$

8° Nous voyons d'abord que, s'il existe une valeur déterminée i pour laquelle l'aimantation est maxima et si le terme $\dfrac{v_1 - v_2}{l}$ est constant, il y aura aussi une valeur déterminée pour le produit $K\omega$. De là l'explication de cette loi énoncée précédemment : La décharge et la longueur du fil restant constantes, il y a un diamètre pour lequel la moyenne d'aimantation est la plus grande possible, c'est-à-dire plus grande que pour des diamètres plus grands ou plus petits, et ce diamètre est d'autant plus grand que le fil est moins conducteur.

9° Nous voyons de plus que, si le facteur $\omega(v_1 - v_2)$ reste constant, il y a pour le rapport $\dfrac{K}{l}$ une valeur déterminée qui correspond au maximum d'aimantation. Supposons cette valeur obtenue ;

pour qu'elle persiste, il faut, si l'un des termes du rapport, l par exemple, varie, que l'autre terme varie dans le même sens. Nous avons reconnu en effet, d'après Savary, que : la décharge et le diamètre du fil restant constants, il y a une longueur de ce fil pour laquelle le maximum d'aimantation est plus grand que le maximum correspondant à des longueurs plus grandes ou plus petites, et cette longueur est d'autant plus petite que le fil est moins conducteur.

10° Enfin nous avons reconnu que, dans un circuit hétérogène, l'action d'une décharge est sensiblement la même pour tous les points du circuit. Ce fait est une conséquence de ce que la valeur de i est constante quand la déperdition par la surface du circuit est négligeable par rapport à cette valeur de i.

11° Les molécules éthérées qui s'échappent du fil conducteur et qui ont un mouvement sensiblement parallèle à ce fil, tendent à aimanter chaque aiguille dans deux sens opposés, l'un normal, sur le côté de l'aiguille qui est le plus rapproché du fil, l'autre contraire, sur le côté le plus éloigné. La première aimantation l'emporte sur la seconde à cause de la distance, si le milieu qui enveloppe le fil conducteur et l'aiguille est le même dans tous les sens. C'est l'effet résultant de cette prédominance qui a donné lieu aux lois que nous avons signalées jusqu'à présent. On peut modifier, soit le sens, soit la grandeur de l'aimantation définitive d'une aiguille, en modifiant les milieux qui l'environnent. Cette aiguille est placée, par exemple, sur une plaque métallique entre la plaque et le fil conducteur. Si la décharge est très-faible, l'aimantation produite sur le côté de l'aiguille qui est le plus rapproché du fil, reste sensiblement la même que si la plaque n'existait pas ; de l'autre côté, le fluide éthéré qui rase l'aiguille, au lieu de se mouvoir autour des molécules de cette aiguille et de diminuer par suite la première aimantation, se distribue dans la plaque conductrice, et cela d'autant plus que la plaque est plus épaisse. De là augmentation d'intensité dans l'aimantation définitive. Si au contraire la décharge est forte, elle produit dans la plaque un courant parallèle au fil, et ce courant est d'autant plus fort que la plaque est plus mince. Il aimante l'aiguille sur le côté opposé au fil dans un sens contraire à celui de l'aimantation produite sur le côté le plus rapproché. Il peut même, s'il devient très-intense, changer le sens de l'aimantation. Nous avons vu comment l'expérience confirme toutes ces conséquences de la théorie. D'après Savary, si l'on pose des aiguilles sur une plaque entre cette plaque et le fil, elle *augmente leur aimantation pour de très-faibles décharges et d'autant plus que la plaque est plus épaisse.* Pour des décharges très-fortes, une plaque épaisse et une plaque mince affaiblissent l'aimantation l'une et l'autre, la plaque mince surtout; et cette dernière finit par donner aux aiguilles *un magnétisme contraire à celui que le courant seul développerait.*

12° Supposons au contraire que la plaque métallique soit placée entre le fil et les aiguilles. Si la décharge est très-faible, elle se perd en grande partie dans la plaque et on peut regarder les aiguilles comme placées à côté d'un courant affaibli. Donc l'aimantation doit diminuer. Si la décharge est forte, de manière à produire dans la plaque un fort courant parallèle au fil conducteur, l'aimantation doit augmenter, sans pouvoir toutefois dépasser un maximum déterminé. Tous ces faits, comme nous l'avons vu, sont vérifiés par l'expérience.

Au lieu de faire varier la décharge en laissant l'épaisseur de la plaque constante, concevons qu'on fasse varier l'épaisseur de la plaque en laissant la décharge constante. Pour de faibles épaisseurs, le courant produit dans la plaque est en général considérable; il est faible, au contraire, si la plaque devient épaisse. Donc les effets doivent être inverses dans les deux cas, comme précédemment.

13° La théorie vient de nous montrer que, quand les aiguilles sont sur la surface antérieure de la plaque, l'aimantation est en général augmentée ou diminuée suivant que la décharge est faible ou forte, et que dans les mêmes circonstances l'aimantation est diminuée ou augmentée, si les aiguilles sont placées près de la face opposée. De là l'explication de ce fait : *qu'en général les deux faces d'une même plaque opèrent des actions contraires.* (Savary.)

Cas d'un fil conducteur en hélice :

Quant aux lois de l'aimantation produite par les fils conducteurs enroulés en hélice, elles s'expliquent par les mêmes considérations que les lois précédentes. Examinons les plus importantes.

15° Si dans un même fil on fait passer des décharges différentes, le nombre des points de rebroussement croît en général avec l'intensité du courant. D'après cela, une même partie du fil, et par suite une même partie de l'hélice devient le siége de mouvements vibratoires qui sont tantôt positifs et tantôt négatifs. Donc une aiguille placée dans une même portion de l'axe de l'hélice doit être aimantée tantôt dans un sens et tantôt dans l'autre. C'est ce que l'expérience confirme. De plus, le nombre des changements croît en général avec la différence entre les décharges extrêmes.

16° D'après la formule :

$$i = \frac{K\omega(e_1 - e_2)}{l}$$

il résulte que, si le facteur $(e_1 - e_2)$ reste constant, la valeur de i varie en raison inverse de la résistance $\dfrac{l}{K\omega}$. Il doit donc en être aussi de même du nombre des changements de signes, ou du moins ce nombre doit varier en sens inverse de la résistance. De là l'explication de ce fait observé par Savary, que : la décharge restant la même, le nombre des changements de signes est d'autant moindre que la résistance du circuit est plus grande. Ce résultat pouvait se prévoir sans formule et, pour ainsi dire, intuitivement ; car plus la résistance est grande, moins une même décharge pénètre loin dans le fil, et, par conséquent, moins doit être grand le nombre des changements de signes.

17° Il en est de même du fait suivant : Plus la résistance $\dfrac{l}{K\omega}$ est grande, plus une même décharge laisse échapper de fluide à son entrée dans le fil ; plus, par conséquent, l'aimantation doit être forte en ce point. C'est ce qui a lieu.

18°-24° La plupart des autres faits que nous avons consignés dans les numéros suivants (de 18 à 24) ne sont pas, en général, susceptibles d'une très-grande précision, comme lois d'observation. Aussi ne les examinerons-nous pas tous séparément, mais seulement les plus importants.

Du fait (22°) par lequel Arago a constaté que l'aimantation se fait à travers les corps non conducteurs sans éprouver de changement sensible, il semble résulter que ces corps jouent le même rôle que les corps translucides ou diathermanes. Ils laissent passer les vibrations électriques sans en diminuer notablement la force vive.

Quant à l'influence des corps conducteurs interposés (23°), l'explication est la même qu'au n° (12).

Une enveloppe épaisse absorbe la décharge et empêche l'aimantation de l'aiguille. L'épaisseur diminuant et la décharge restant la même, des courants se produisent dans l'enveloppe, qui aimantent l'aiguille de plus en plus ; l'aimantation peut même dépasser celle qui a lieu quand l'enveloppe n'existe pas. Mais, comme cette aimantation ne peut augmenter indéfiniment, pour des raisons que nous avons déjà développées, elle passe par un maximum ; puis, l'épaisseur diminuant toujours, elle se rapproche par des diminutions successives de l'aimantation normale, c'est-à-dire de celle qui aurait lieu si l'aiguille était sans enveloppe.

Nancy, imprimerie Berger-Levrault et Cie.

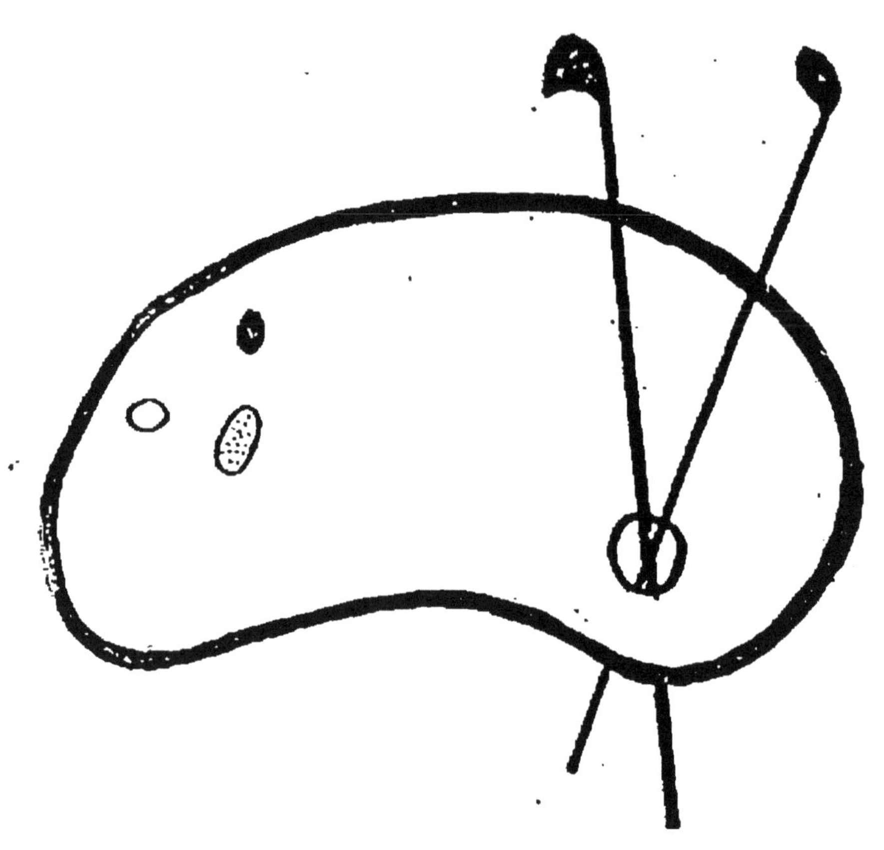

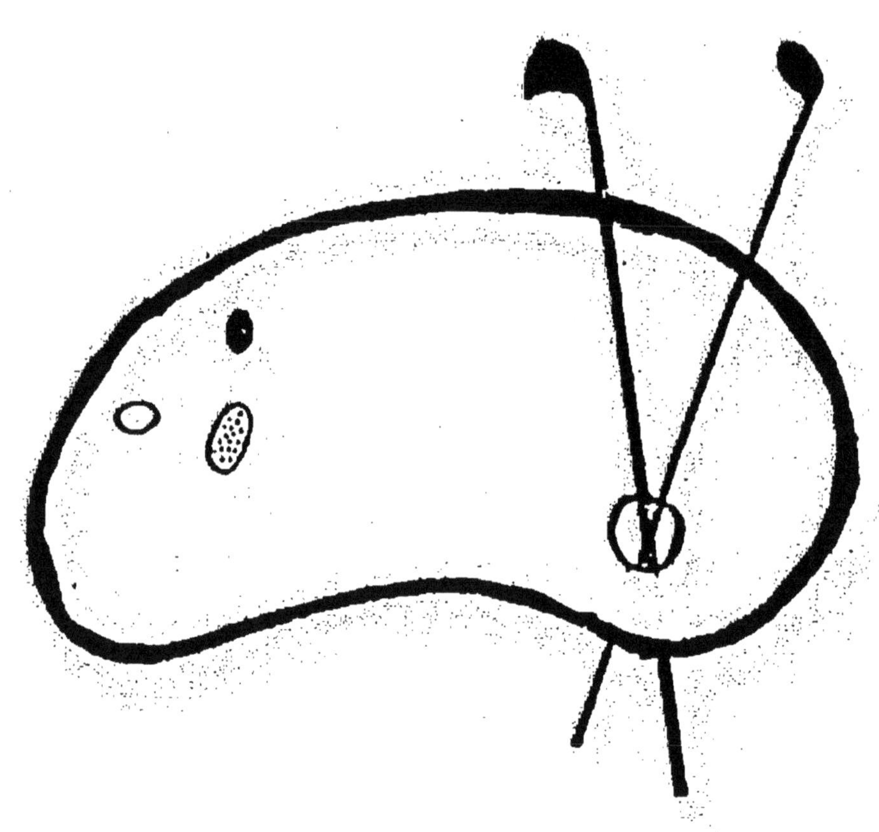

DÉBUT D'UNE SÉRIE DE DOCUMENTS
EN COULEUR

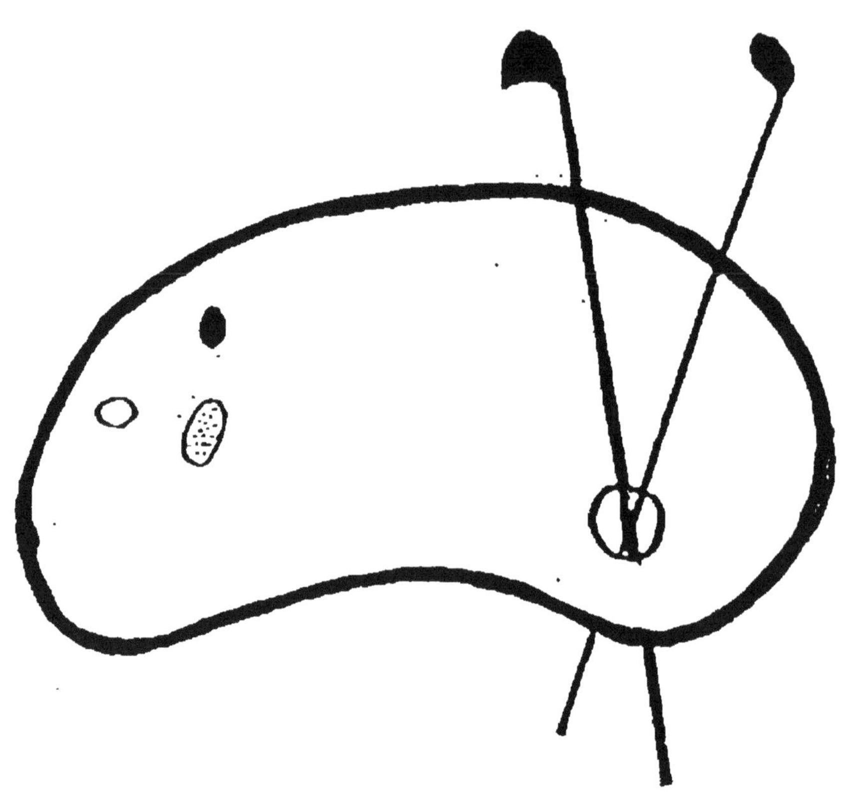

FIN D'UNE SÉRIE DE DOCUMENTS
EN COULEUR

SECOND MÉMOIRE

SUR LA

THÉORIE DE L'AIMANTATION

DANS

L'HYPOTHÈSE D'UN SEUL FLUIDE ÉLECTRIQUE

Par N. A. RENARD

PROFESSEUR A LA FACULTÉ DES SCIENCES DE NANCY

III. AIMANTATION PRODUITE PAR LES AIMANTS ET PAR L'ACTION DE LA TERRE.

§ 1er. Outre les procédés d'aimantation par les courants continus et par les courants instantanés dont nous avons parlé jusqu'à présent, il en existe d'autres dont la connaissance a même devancé celle des précédents et dont il nous reste à indiquer la théorie.

1° De tous ces procédés le plus simple consiste à approcher de l'un des pôles d'un aimant AB l'une des extrémités d'un barreau de fer dur ou d'acier ab. L'extrémité la plus rapprochée b acquiert un pôle de nom contraire au pôle voisin A de l'aimant. Si l'aimant est fort et si le barreau est court, l'autre extrémité a offrira un pôle de même nom que A, et le milieu c sera dans un état neutre, ce dont on

s'assure, soit à l'aide d'une petite aiguille aimantée suspendue, soit à l'aide de limaille de fer qu'on
répand sur un carton placé sur le barreau. — Si le
barreau est très-long, il arrive souvent que, outre les
deux pôles extrêmes, on constate le présence d'autres centres d'action ou pôles secondaires. Ces pôles
sont *toujours alternativement de natures contraires;*
par exemple, au pôle *b* succédera un pôle *a'*, au
pôle *a'* un pôle *b'*, et ainsi de suite jusqu'au pôle *a*.
On donne à ces pôles secondaires le nom de *points
conséquents* ; les milieux des intervalles de deux
pôles consécutifs sont des *points indifférents*.

2° *Méthode de la simple touche.* — On fait glisser le
pôle d'un fort aimant d'un bout à l'autre du barreau qu'on veut aimanter, et on répète plusieurs
fois la même opération, toujours dans le même sens.
L'extrémité que touche en dernier lieu l'aimant
mobile présente un pôle contraire à celui qui produit l'aimantation. Ce procédé a l'inconvénient de
ne donner que des aimants d'une faible puissance
et de développer souvent des points conséquents.

3° *Méthode de la double touche.* — Cette manière
d'aimanter, due à Mitchell, consiste à placer au
milieu du barreau *ab* et en regard l'un de l'autre,
deux pôles contraires de deux aimants également
puissants. On les fait ensuite glisser, d'abord du
milieu vers l'une des extrémités, puis de cette extrémité à l'autre et ainsi de suite, de manière à impri-
mer à chaque moitié du barreau l   'une nombre

de frictions. On maintient les deux pôles à une
distance constante l'un de l'autre à l'aide d'une
petite pièce en bois placée entre eux, et on incline
un peu les aimants par rapport au barreau. Œpinus
a perfectionné cette méthode en plaçant les deux
bouts de ce barreau sur les pôles contraires de deux
aimants fixes, de manière que leur action vînt
s'ajouter à celle des aimants mobiles. [Voir *fig.* (*z*)
ci-jointe ([1]).]

4° *Méthode de la touche séparée.* — Knight, en 1745,
imagina d'aimanter un barreau en plaçant les deux
pôles contraires de deux aimants d'égale force au
milieu de ce barreau et en les faisant glisser simultanément chacun vers une des extrémités. On re-
porte ensuite ces mêmes pôles au milieu et on recom-
mence l'opération un certain nombre de fois. Après
plusieurs frictions faites de la même manière sur
les deux faces du barreau, celui-ci est aimanté.
Duhamel a apporté à cette méthode le même per-
fectionnement que Œpinus a apporté à la méthode
précédente. La position relative des pôles est la
même que dans la figure (*z*).

5° *Aimantation par l'action de la terre.* — Le globe
terrestre pouvant être considéré comme un aimant,
doit exercer sur une barre de fer ou d'acier la
même influence que cet aimant. On rend cette
influence surtout sensible en donnant à la barre la

______

([1]) La figure a été omise dans le texte. Le lecteur y suppléera
facilement.

direction que prend une aiguille aimantée lorsqu'elle est suspendue par son centre de gravité. Dans notre hémisphère, il se forme un pôle nord à l'extrémité inférieure de la barre et un pôle sud à l'extrémité supérieure. La preuve que cette aimantation est bien due à l'action de la terre, c'est qu'en intervertissant les positions des deux extrémités, on intervertit en même temps la nature des deux pôles. C'est à cette cause qu'il faut attribuer les aimants naturels.

En coulant un barreau cylindrique dans une rainure qui était exactement dans le plan du méridien magnétique ; en plaçant ensuite ce barreau à peine solidifié et encore très-chaud parallèlement à l'aiguille d'inclinaison jusqu'à son refroidissement complet, M. Daubrée ([1]) a constaté qu'il se forme, aussi bien à chaud qu'à froid, deux pôles énergiques disposés comme ceux de l'aiguille aimantée, et que ces pôles sont renversés quand on donne à la barre une position diamétralement opposée.

§ 2. Il nous reste à donner l'explication théorique de l'aimantation produite par chacune de ces méthodes.

Si l'on promène un courant vertical, allant de bas en haut par exemple, comme l'ont fait Faraday et de la Rive, le long de la face *est* d'un barreau aimanté soumis à l'action de la terre, on sait qu'il

____

[1] *C. R.*, 24 janvier 1876.

est sans action sur le barreau vis-à-vis des pôles, qu'il repousse tous les points situés entre ces pôles et attire tous ceux qui sont situés en dehors. Ce fait a conduit Ampère à modifier sa théorie des aimants. Il a montré que, par suite de leurs réactions mutuelles, les filets de molécules autour desquelles circulent des courants élémentaires de même sens, doivent tourner leur convexité vers l'intérieur de l'aimant et s'infléchir vers l'extérieur auprès des extrémités, de sorte que, à l'emplacement des pôles, les courants élémentaires sont dans le plan de la surface et qu'en deçà et au delà ils forment par leur ensemble autour de l'aimant des solénoïdes de sens contraire.

Ces idées théoriques, dont celles de ce travail ne diffèrent pas essentiellement, si ce n'est par l'origine des courants élémentaires, étant rappelées :

1° Plaçons un barreau d'acier sur le prolongement d'un barreau aimanté et en contact avec ce dernier. Les filets de molécules, dont les courants élémentaires et parallèles s'infléchissent vers les extrémités par suite de leurs réactions mutuelles, se continueront dans le nouveau barreau pour s'épanouir seulement près de l'extrémité libre. L'ensemble de ces solénoïdes élémentaires produira à la surface du nouvel aimant un solénoïde qui paraîtra la continuation de celui du premier. Après la séparation des surfaces de contact, les réactions produiront un pôle près de chacune de ces surfaces.

L'un sera ce qu'il était avant le contact, à l'intensité près ; l'autre sera par analogie de même nature que le pôle opposé de l'aimant, c'est-à-dire de nom contraire à celui avec lequel il était en contact.

2° Considérons l'aimantation par la simple touche, et, pour fixer les idées, supposons que, le barreau étant disposé dans le méridien magnétique, on promène sur sa face supérieure et du sud au nord l'arête inférieure du pôle boréal de l'aimant. Pour un observateur qui, tourné vers le nord, regarderait le barreau aimanté dans la position qu'il occupe lorsqu'il est soumis à l'action de la terre, le verrait comme un solénoïde dont le courant tourne dans le même sens qu'une aiguille de montre en entrant par le sud. Il va donc de gauche à droite sur la face supérieure et de droite à gauche ou d'orient à l'occident sur la face inférieure. Comme les courants sont de sens contraire aux extrémités, ils vont d'occident à l'orient sur l'arête qui produit l'aimantation. De là, formation d'un aimant qui présente un pôle nord ou austral à l'extrémité nord que touche en dernier lieu le pôle boréal aimantant.

3° Si, au lieu d'un seul pôle, on en emploie deux de nom contraire, mis en regard l'un de l'autre, comme dans la méthode de la double touche, *fig.* (α), les courants des deux arêtes qui produisent l'aimantation sont de même sens et leur action s'ajoute.

Tout se passe donc comme dans le cas précédent, sauf l'augmentation d'effet.

4° Imaginons qu'on ne maintienne plus les deux arêtes précédentes l'une à côté de l'autre, mais qu'on les sépare l'une de l'autre en partant toujours du milieu du barreau, comme dans la méthode de *la touche séparée*. On fera naître sur toute la surface de ce barreau des courants de même sens et la position relative des pôles sera la même que dans la figure (z).

5° Enfin l'*aimantation par l'action de la terre*, et par suite la *production des aimants naturels* est des plus faciles à expliquer. Si l'origine des courants d'Ampère dans le sein de la terre est due, comme nous l'avons exposé ailleurs, au double mouvement du globe dans la masse du fluide éthéré de l'espace, le mouvement de translation tendant à faire pénétrer le fluide dans l'intérieur de la terre, et le mouvement de rotation de l'ouest à l'est tendant à lui faire prendre un mouvement relatif de l'est à l'ouest, nul doute qu'il n'existe des courants moléculaires dans les corps magnétiques. Imaginons que l'un de ces corps, un barreau de fer par exemple, soit placé dans la direction du méridien magnétique sur un sol bon conducteur parcouru par des courants allant de l'est à l'ouest. Les molécules de la face inférieure du barreau, agissant sur celles du fluide éthéré, les feront dévier de leur direction et leur feront prendre autour d'elles un mouvement circulaire dirigé comme l'est celui d'une aiguille de montre pour un observateur tourné vers le nord et ayant le barreau devant lui. — Si le corps magnétique, au lieu d'être à la surface du sol comme nous venons de le rapporter pour plus de simplicité, est plus ou moins enfoncé dans l'intérieur de la croûte terrestre, il existe chaque jour un moment où le double mouvement de la terre produit, plus activement qu'en tout autre, l'introduction du fluide éthéré dans le corps. Ce moment est celui où le soleil se lève à l'horizon du lieu où il se trouve. L'introduction du fluide se fait alors par la face orientale du corps, de la partie supérieure vers la partie inférieure et un peu obliquement vers l'ouest. L'attraction de ses molécules sur celles de l'éther, en les faisant dévier de leur direction et leur imprimant un mouvement de rotation autour d'elles-mêmes, reproduit le même phénomène que précédemment. S'il existe d'autres mouvements circulaires plus ou moins en désaccord avec ce mouvement prédominant, celui-ci finira par l'emporter et l'on aura un aimant tel qu'on le conçoit dans les idées d'Ampère.

§ 3. Jusqu'à présent nous nous sommes occupé d'expliquer en général la distribution du magnétisme produit par les procédés ordinaires d'aimantation. Il nous reste, pour asseoir davantage la théorie, à expliquer l'intensité du magnétisme en chaque point. Nous ferons connaître plus loin une méthode générale, due à Poisson, qui, bien qu'établie dans l'hypothèse de deux fluides magnétiques, nous conduira, avec des modifications que nous indiquerons, à des résultats identiques, dans l'hypothèse d'un seul fluide. Nous nous contenterons ici d'une méthode beaucoup plus simple et beaucoup plus rapide, mais seulement approximative.

Supposons que, par l'un quelconque des procédés indiqués plus haut, on ait fait naître dans un barreau d'acier des filets de solénoïdes élémentaires qui par leur ensemble paraissent former à la surface un solénoïde ordinaire. Après l'aimantation, les filets les plus intérieurs se relèvent à leurs extrémités par suite de leurs réactions mutuelles et forment deux pôles de nom contraire vers les deux bouts du barreau. En chacun de ces pôles, les courants élémentaires tournent autour des molécules dans le plan même de la surface et en sens contraire. A mesure qu'on s'éloigne de ces pôles sur la surface du barreau pour se rapprocher du milieu, ces courants superficiels s'inclinent de plus en plus de manière à devenir tout à fait perpendiculaires à l'axe de ce barreau. Considérons deux courants superficiels voisins l'un de l'autre; ils sont de sens contraire en leur partie la plus rapprochée, et par conséquent se détruisent partiellement. Soit I l'intensité de l'un de ces courants élémentaires à l'un des pôles; soient i_1, i_2, i_3, i_4, celles des courants élémentaires voisins situés sur une même parallèle à l'axe de l'aimant. Comme ils sont deux à deux de sens contraire dans les parties les plus voisines et se détruisent partiellement, nous pourrons écrire les relations :

$$i_1 = \alpha_1 I, \quad i_2 = \alpha_2 i_1, \quad i_3 = \alpha_3 i_2 \ldots \ldots, \quad i_n = \alpha_n i_{n-1}$$

et par suite :

$$i_n = PI \qquad\qquad (1)$$

en posant :

$$P = \alpha_1 \alpha_2 \alpha_3 \ldots \ldots \alpha_n \qquad\qquad (1')$$

et en désignant par α_1, α_2, $\alpha_3 \ldots$, α_n, des quantités plus petites que l'unité. Dans le voisinage de chacun des pôles, les valeurs de ces quantités sont sensiblement égales entre elles et l'on peut écrire :

$$P = \alpha_1{}^n \quad \text{et} \quad i_n = \alpha_1{}^n I.$$

Le rang n de chaque molécule est proportionnel à la distance x de cette molécule au pôle ou très-sensiblement à sa distance à l'extrémité correspondante de l'aimant.

Nous pouvons donc écrire :

$$\left. \begin{array}{l} i_x = I\alpha^x \\ \text{ou } i_x = I\mu^{-x} \end{array} \right\} \qquad\qquad (2)$$

en posant $\mu = \dfrac{1}{\alpha}$ ou en représentant par μ une quantité plus grande que l'unité.

Pour des aimants un peu longs, les courants

élémentaires de la surface deviennent bientôt perpendiculaires à l'axe de l'aimant et sensiblement égaux et parallèles entre eux, de sorte qu'ils sont sans action sur les pôles d'une petite aiguille aimantée, mais deviennent de plus en plus influents sur un courant parallèle voisin. La relation (2) doit donc cesser d'être vraie et donner des résultats trop faibles, puisque la valeur de α converge vers l'unité.

Soient —I' l'intensité de l'un des courants de sens contraire dans l'autre pôle; $2l$ la longueur de l'aimant, supposé assez court pour que la formule (2) soit applicable. Par un raisonnement identique au précédent, nous verrions que les courants de même sens que ces derniers et situés à une distance $(2l - x)$ de la seconde extrémité, ont une intensité sensiblement égale à $-\mathrm{I}'\mu^{-(2l-x)}$ et par suite que, dans les conditions précédentes, c'est-à-dire pour des aimants très-courts, l'intensité au point x sera donnée par une expression de la forme :

$$i = \mathrm{I}\mu^{-x} - \mathrm{I}'\mu^{-(2l-x)} \qquad (3)$$

L'un des deux termes de cette formule devient nul ou négligeable lorsque l'aimant est d'une certaine longueur.

Si la valeur de I' est égale à celle de I, la formule (3) devient :

$$i = \mathrm{I}\left(\mu^{-x} - \mu^{-(2l-x)}\right) \qquad (4)$$

L'expérience confirme les résultats précédents.

Avec un fil aimanté de 27 pouces de longueur,
de 2 lignes de diamètre, pesant 865 grains le pied,
et en faisant osciller devant ses différents points
une petite aiguille aimantée de 6 lignes de longueur et de 3 lignes de diamètre, Coulomb obtint
par la différence des carrés $N^2 - n^2$ des nombres d'oscillations qu'elle faisait en une minute lorsqu'elle
oscillait sous l'influence réunie du fil et de la terre
et sous l'influence seule de la terre, l'action réci-
proque de l'aiguille et du fil au point considéré.
Cette action est proportionnelle au produit des
intensités des courants en ce point et des courants
à l'extrémité de l'aiguille ; et comme ces derniers
sont constants, l'action est proportionnelle à l'intensité du courant qui produit l'aimantation en
chaque point du fil. Voici les résultats obtenus par
l'expérience et par le calcul :

DISTANCE à l'extrémité boréale du fil en pouces.	INTENSITÉ DU MAGNÉTISME		EXCÈS DU CALCUL.
	par le calcul.	par l'observation.	
0	173,76	165 +	+ 8.76
1	90, »	90	0, »
2	46,62	48	— 1.38
3	24,14	23	+ 1.14
4, 5	9, »	9	0, »
6	3.35	6	— 2,65

Pour obtenir les constantes de la formule

$$i = \mathrm{I}(\mu^{-x} - \mu^{-z} - \cdots)$$

$$\text{ou } i = \mathrm{I}(x^{x} - x^{z} - \cdots)$$

on a remplacé i et x par les valeurs :

$$i = 90 \quad x = 1$$
$$i = 9 \quad\;\; x = 4,5$$

ce qui donne :

$$90 = \mathrm{I}(\alpha - \alpha^{26})$$
$$9 = \mathrm{I}(\alpha^{4,5} - \alpha^{22,5})$$

et comme la valeur de α est peu différente de $^1/_2$, comme nous le verrons tout à l'heure, on peut négliger sa 22e et sa 26e puissance, par rapport aux autres termes, et l'on obtient :

$$90 = \mathrm{I}.\alpha \quad 9 = \mathrm{I}\alpha^{4,5}$$

$$\text{ou} \quad \alpha^{3,5} = \frac{1}{10} \quad \text{d'où} \quad \log \alpha = \overline{1},7142857$$

$$\text{et} \quad \alpha = 0,517948$$

$$\text{puis} \quad \mathrm{I} = \frac{90}{\alpha} = 173,76$$

Le nombre 165 du tableau précédent n'a pas été donné immédiatement par l'expérience; Coulomb l'a obtenu en doublant le nombre des oscillations observées. Il a fait remarquer lui-même que ce nombre devait être trop petit. Les autres erreurs sont très-faibles et de sens contraire.

IV. Influence de la température sur l'aimantation.

24. On sait depuis longtemps que l'état magnétique d'un barreau d'acier varie avec la température. Voici les lois principales que l'expérience a fait découvrir :

1° Coulomb, Kupffer et d'autres physiciens ont nettement établi que *si on élève la température d'un barreau jusqu'à une certaine limite, ce barreau perd d'une manière définitive l'aimantation qu'il a reçue.*

Expériences de M. Jamin [1].

M. Jamin ayant chauffé un barreau d'acier dans un bain de sable et l'ayant élevé à différentes températures jusqu'à lui donner la teinte bleue des ressorts, l'introduisait dans une bobine de fils électriques parcourus par un courant de 20 éléments. Il empêchait ou du moins il ralentissait le refroidissement de l'appareil à l'aide de chalumeaux convenablement dirigés. Il constata les résultats suivants :

2° *L'acier s'aimante à toute température et l'aimantation totale est un peu moindre que s'il était froid.* Cette aimantation est mesurée par la force d'arrachement d'un contact d'épreuve placé à l'extrémité.

3° Si le même barreau est aimanté à des températures différentes et croissantes, le magnétisme *total* va en diminuant. Le magnétisme *rémanent*, mesuré tout de suite après les ruptures du circuit,

_____
[1] *C. R.*, 22 déc. 1873, t. LXXVII.

va au contraire en augmentant, de sorte que c'est à froid que le magnétisme total est le plus grand possible et que le magnétisme rémanent est le plus petit possible.

4° Le magnétisme rémanent décroît avec le temps après la rupture du circuit, soit qu'on maintienne l'aimant à sa température première, soit qu'on le laisse se refroidir naturellement. Dans le second cas l'aimantation approche d'autant plus près de zéro, après le refroidissement, que la température première était plus élevée.

5° Pour que les expériences précédentes réussissent, il faut que le recuit de la barre n'ait pas été poussé jusqu'à lui faire perdre toute force coercitive, c'est-à-dire jusqu'au rouge. Si cela était, la barre pourrait bien acquérir une *aimantation totale* à toute température, mais elle n'en conserverait par trace ni à zéro ni à une température élevée. Et même, si l'on observe que l'aimantation totale diminue à mesure que la température s'élève, il est probable qu'elle deviendrait nulle au rouge, comme l'a avancé Pouillet.

Pour démontrer la décroissance de l'aimantation totale avec la température, M. Jamin a fait recuire au bleu une barre qu'il avait préalablement chauffée au rouge. Il l'a introduite à cette température dans une bobine qu'il faisait traverser par un courant constant, et il a mesuré l'aimantation totale pendant le refroidissement.

Voici les résultats qu'il a obtenus :

Acier E d'Allevard (aimantation totale).

DURÉES	F	DURÉES	F	DURÉES	F	DURÉES	F
0	415	7	470	14	512	25	560
1	423	8	475	15	520	27	568
2	431	9	480	16	520	30	575
3	440	10	490	17	530	35	580
4	450	11	495	19	540	40	590
5	456	12	515	21	545	50	590
6	462	13	510	23	561		

Expériences de M. Gaugain.

Pour étudier la distribution du magnétisme dans les barreaux et les influences que cette distribution subit de différentes causes, telles que la température, le recuit, la distance, etc., M. Gaugain n'a eu recours à aucune des deux méthodes connues avant lui, la méthode des oscillations employée par Coulomb et la méthode de suspension ou d'arrachement employée par M. Jamin, méthodes qui sont basées sur les phénomènes d'attraction magnétique. Il a indiqué deux méthodes nouvelles, qui reposent sur les phénomènes d'induction et qu'il a fait connaître dans les Comptes rendus de l'Académie des sciences [1]. — L'une consiste à déterminer en

[1] 9 sept. 1873, n° 15, et 7 oct., n° 21.

chaque point du barreau l'intensité du courant induit dans une petite hélice qui entoure le barreau et à laquelle on imprime un déplacement déterminé (de 1 centimètre, par exemple). Cette intensité dépend, non de la valeur absolue du courant des circuits situés sous l'hélice, mais de la variation que subit cette valeur quand on passe d'un circuit à un autre. — Dans l'autre méthode on place l'hélice en différents points du barreau et pour chacune des positions on détermine, à l'aide du galvanomètre, l'intensité du *courant de désaimantation*, c'est-à-dire du courant d'induction qu'on produit dans l'hélice en faisant cesser la cause de l'aimantation du barreau.

M. Gaugain fait observer qu'il existe une relation très-simple entre les courants obtenus par la désaimantation et ceux qui résultent du seul déplacement de l'hélice, quand l'aimantation reste invariable. Supposons que cette hélice soit en un point M du barreau dont l'abscisse est x et qu'on le transporte en un point voisin M'. Le courant induit développé est égal à la différence des deux courants de désaimantation correspondants. Par suite, si y représente l'intensité de celui de ces deux derniers courants qui correspond au point M et $y = f(x)$, la *courbe de désaimantation*; si de plus y' représente le courant induit qu'on obtient en faisant subir à l'hélice un petit déplacement toujours le même, l'ordonnée y' sera sensiblement proportionnelle à

$\dfrac{dy}{dx}$ et l'équation de la *courbe des intensités* sera de
la forme

$$y' = \kappa \, \frac{dy}{dx}$$

κ désignant une quantité constante.

« La courbe de désaimantation, dit M. Gau-
« gain (¹), représente l'action inductrice et la gran-
« deur de cette action varie, en général, avec un
« certain nombre de circonstances : elle dépend du
« nombre plus ou moins grand de circuits induc-
« teurs qui se trouvent à portée d'agir sur le con-
« ducteur induit ; elle dépend de la distance dans
« laquelle l'action s'exerce ; elle dépend enfin de
« l'intensité du courant qui parcourt les circuits
« inducteurs. Mais lorsqu'on opère sur un long solé-
« noïde, le nombre des circuits qui peuvent agir
« efficacement sur l'anneau induit reste le même ;
« tant que cet anneau se trouve placé à une cer-
« taine distance des extrémités du solénoïde, ces
« circuits agissent toujours à la même distance et
« par conséquent l'action inductrice *dépend exclu-*
« *sivement de l'intensité moyenne des courants qui*
« *parcourent les circuits voisins de l'anneau induit.*
« Si donc on laisse de côté les parties du solénoïde
« voisines des extrémités, on peut dire que la *courbe*
« *de désaimantation* représente, approximativement
« au moins, les intensités du courant inducteur

(¹) *C. R.*, t. LXXV, 2ᵉ semestre 1872, p. 829.

« correspondant aux divers points du solénoïde,
« c'est-à-dire aux divers points du barreau de fer
« assimilé à un solénoïde. »

Voici les principaux résultats qu'a obtenus
M. Gaugain à l'aide de ces méthodes (¹).

6° « Si l'on met un barreau d'acier en contact
« avec le pôle d'un aimant, qu'on détermine, pour
« un point M du barreau, la valeur du courant de
« désaimantation à la température ordinaire, et
« qu'ensuite on chauffe *légèrement le barreau* avec
« une lampe à alcool, on trouve que la valeur du
« courant de désaimantation correspondant au point
« M est très-notablement augmentée.

7° « Lorsqu'on laisse refroidir le barreau en le
« laissant en contact avec l'aimant, l'aimantation
« ne rétrograde pas; elle éprouve même un faible
« accroissement.

8° « Quand le barreau est revenu à la tempéra-
« ture ordinaire, il suffit d'en éloigner l'aimant
« pendant quelques instants, pour faire disparaître
« une partie de l'accroissement d'aimantation résul-
« tant du chauffage; quand le contact est rétabli
« entre l'aimant et le barreau, on ne retrouve plus
« la même aimantation totale qu'avant la rupture
« du contact.

9° « Lorsqu'au lieu de chauffer très-modérément
« le barreau d'acier mis en contact avec l'aimant,

(¹) *C. R.*, 1ᵉʳ février 1875 et 20 mars 1876.

« comme précédemment, on élève graduellement sa
« température, jusqu'à ce qu'il prenne la teinte
« bleue, on constate que l'aimantation grandit
« d'abord, atteint un maximum, puis subit une
« rétrogradation. Dans une série d'expériences où
« M. Gaugain a opéré sur un barreau de 0m,24 de
« longueur et de 0 ,010 de diamètre, il a constaté
« que, lorsque l'une des extrémités de ce barreau
« était mise en contact avec le pôle d'un aimant,
« l'aimantation totale du point milieu était re-
« présentée, à la température ambiante, par le
« nombre 41,6. Lorsque le barreau a été graduel-
« lement chauffé, il a trouvé que cette aimantation
« prenait successivement les valeurs suivantes:
« 44 — 51 — 55,2 — 52 — 52,8 — 52,1 — 50
« — 48,5 — 48 — 48.

10° « Lorsque le barreau, après avoir été forte-
« ment chauffé, reste en contact avec l'aimant pen-
« dant toute la durée du refroidissement, l'aiman-
« tation totale augmente, à mesure que le barreau
« se refroidit ; et, lorsqu'il est revenu à la tempé-
« rature ambiante, elle conserve une valeur très-
« supérieure à celle qu'elle avait avant le chauffage
« du barreau. Dans la série d'expériences citée tout
« à l'heure, la valeur de l'aimantation totale a été
« 63,2 après le chauffage, tandis qu'elle était aupa-
« ravant 41,6 seulement.

11° « Nous avons vu tout à l'heure que, lorsque
« la température du barreau dépasse une certaine

« limite, son aimantation totale, au lieu de conti-
« nuer à croître, diminue : on pourrait croire, d'après
« cela, que l'aimantation du barreau, ramenée à la
« température ordinaire, est d'autant plus grande
« que le barreau a été plus fortement chauffé, autant
« du moins que l'on reste au-dessous de la tempé-
« rature qui donne à l'acier la teinte bleue.

12° « Lorsque le barreau est revenu à la tempé-
« rature ordinaire, il suffit, comme il a déjà été dit,
« de supprimer pendant quelques instants le contact
« de l'aimant et du barreau, pour faire perdre à
« celui-ci une partie de l'accroissement d'aimanta-
« tion qui résulte du chauffage, mais on ne lui en
« fait perdre qu'une partie ; même après une inter-
« ruption du contact, l'aimantation totale reste
« plus forte qu'avant le chauffage, et dans un grand
« nombre d'expériences M. Gaugain a constaté que
« son accroissement est, au moins approximative-
« ment, égal à l'accroissement de l'aimantation
« permanente.

13° « Les observations mentionnées jusqu'à pré-
« sent se rapportent toutes à des barreaux qui sont
« chauffés et refroidis une fois seulement. Si un
« barreau, soumis à l'action d'une force aimantante
« *déterminée*, est porté successivement d'une tem-
« pérature t à une température T, puis ramené à la
« température t, de là à la température T, et ainsi
« de suite, les valeurs de l'aimantation qui corres-
« pondent, l'une à t, l'autre à T, vont chacune en

« augmentant graduellement, mais finissent par
« devenir invariables, après un nombre suffisamment
« répété de chauffages et de refroidissements. Ainsi
« le barreau subit deux espèces de modifications:
« l'une qui a pour résultat d'*augmenter* l'aimanta-
« tion correspondant à une température donnée quel-
« conque; l'autre, qui a pour effet de diminuer ou
« d'augmenter l'aimantation, suivant que la tem-
« pérature s'élève ou s'abaisse ([1]). »

Les résultats restent les mêmes si, pour aimanter
le barreau, on introduit l'une de ses extrémités dans
une bobine parcourue par un courant, au lieu de la
mettre en contact avec le pôle d'un aimant. (Id.)

§ 5. Venons à l'explication de ces faits. Le calcul
nous a montré que, quand un milieu homogène et
isotrope est ébranlé en un quelconque de ses points,
ce point devient le centre de trois espèces d'ondes
vibratoires les unes longitudinales, les autres transversales, et les troisièmes rotatoires. Aux premières
vibrations de l'éther nous attribuons l'électricité,
aux secondes la lumière et aux troisièmes la chaleur
de *transmission*. C'est aux mêmes vibrations rotatoires des molécules pondérables que nous attribuons la chaleur de *conductibilité*. Ces quelques considérations étant rappelées, si nous observons que,
pendant chaque moitié d'une vibration entière de
rotation, les molécules pondérables tournent alter-

_____
([1]) *C. R.*, 19 juin 1876.

nativement en sens contraire et que les vitesses croissent en même temps que la température, puisque cette dernière est mesurée par les forces vives moyennes, nous comprendrons immédiatement que:

1° Le magnétisme doit diminuer et même finir par disparaître avec une élévation suffisamment grande de température; car le mouvement rotatoire de la molécule pondérable, étant alternativement de sens contraire et ayant une vitesse toujours croissante, ne peut que détruire peu à peu et anéantir finalement le courant éthéré toujours de même sens qui circule autour de cette molécule. C'est le fait le plus anciennement connu relativement à l'influence de la température sur l'aimantation.

2° et 3° L'acier doit s'aimanter à toute température, pourvu que les courants éthérés produits autour des molécules pondérables par l'hélice magnétisante soient assez forts pour n'être pas détruits par le mouvement rotatoire alternatif de ces molécules. Dans tous les cas ces courants et par suite l'aimantation totale ne peuvent qu'êtres moindres à chaud qu'à froid. C'est ce qui a lieu d'après les expériences (2) et (3) de M. Jamin.

De plus, dans les idées actuelles, le magnétisme *rémanent*, c'est-à-dire celui que conserve le barreau immédiatement après la rupture du circuit et qu'il perd ensuite peu à peu, dépend à la fois de l'intensité des courants élémentaires, qui circulent autour des molécules pondérables, de la valeur relative des vitesses de rotation alternatives de ces molécules et enfin de l'attraction que ces dernières exercent sur les molécules éthérées pour les faire tomber à leur surface. Toutes ces causes se modifient les unes les autres et il peut très-bien en résulter que, le magnétisme total diminuant avec la température, le magnétisme rémanent aille en augmentant, comme l'a constaté M. Jamin. Mais ce qui me paraît certain, c'est que cette augmentation ne peut être indéfinie; car le magnétisme rémanent est toujours inférieur au magnétisme total, et celui-ci finit toujours par disparaître sous l'influence d'une température suffisamment grande, la force d'aimantation restant la même.

4° Les courants élémentaires étant supposés produits à différentes températures par une même hélice ou par un même aimant et par conséquent leur intensité restant la même, tandis que les vitesses de rotation alternatives des molécules pondérables augmentent avec la température, il est évident que, si on rompt tout à coup le circuit et qu'on laisse refroidir le corps, l'aimantation, après le refroidissement, devra être d'autant plus près de zéro que la température à laquelle l'aimantation a été produite était plus élevée; car la cause qui tend à détruire cette aimantation et qui n'est autre que le mouvement alternatif des molécules pondérables augmente avec cette température. Ce fait est vérifié par l'expérience, comme nous l'avons vu.

Des phénomènes observés par M. Jamin, passons à ceux qui sont dus à M. Gaugain. Quelques-uns paraissent en contradiction avec les précédents. Nous espérons donner une explication satisfaisante de ces contradictions apparentes.

6° et 9° D'après l'expérience (6), si on chauffe *légèrement* un barreau d'acier mis en contact avec le pôle d'un aimant, on constate que le courant de désaimantation correspondant à un même point augmente très-notablement quand on passe de la température ordinaire à la nouvelle température. — Si, au lieu de chauffer modérément, on élève graduellement la température jusqu'à la teinte bleue, l'*aimantation*, dit M. Gaugain, grandit d'abord, atteint un maximum, puis subit une rétrogradation (9). Observons qu'à la simple condition de remplacer le mot *aimantation*, employé par M. Gaugain, par le mot *intensité* du courant de désaimantation, qui me parait être l'expression de l'expérience, nous pourrons regarder le fait (6) comme un cas particulier du fait (9) et résumer ces faits en disant que l'intensité du courant de désaimantation croit d'abord pour décroitre ensuite. Or, cette intensité dépend, comme on sait, non-seulement de celle des courants inducteurs, mais surtout de la variation de cette dernière intensité dans un temps donné. De plus cette variation des courants inducteurs, c'est-à-dire des courants élémentaires qui circulent autour des molécules pondérables, dépend

elle-même de la valeur relative de l'intensité de ces
courants et de la température des molécules ou du
mouvement oscillatoire qui produit cette température. En effet, si ce mouvement était rigoureusement
nul, la diminution des courants élémentaires due à
ce mouvement serait nulle, et elle serait très-petite
si la température ou le mouvement étaient très-pe-
tits. D'un autre côté, pour une température très-
élevée, les courants élémentaires deviennent de plus
en plus faibles et même nuls, puisque l'aimantation
disparaît. Donc la variation de ces courants devient
elle-même très-petite et nulle. La conclusion à tirer
de là, c'est que pour une intensité donnée des courants élémentaires, il y a une température comprise
entre la température nulle et une température suffisamment élevée des molécules pondérables pour laquelle la variation d'intensité des courants inducteurs
ou des courants élémentaires est un maximum. De là
l'explication des phénomènes précédents. La contradiction qui semble exister entre les conclusions
(6) et (9) de M. Gaugain, savoir : que l'*aimantation*
grandit avec la température au moins dans les com-
mencements, et cette autre (2) et (3) de M. Jamin
que l'*aimantation totale va en diminuant,* est plus
apparente que réelle. Elle résulte, à mon avis, de ce
que M. Gaugain regarde l'*action inductrice de désaimantation,* du moins dans les conditions où il
opère, comme dépendant *exclusivement de l'intensité
moyenne des courants qui parcourent les circuits voi-*

sins de l'anneau induit. Tout me paraît concilié et parfaitement d'accord, quand on interprète les faits comme nous venons de le faire.

7° et 10° Il en est de même quand, non-seulement on compare les conclusions de M. Gaugain avec celles de M. Jamin, mais aussi quand on les compare entre elles. Si on laisse refroidir un barreau peu ou fortement chauffé, en le maintenant en contact avec un aimant (7) et (10), l'*aimantation totale* augmente avec le refroidissement, et, à la température ordinaire, elle conserve une valeur très-supérieure à celle qu'elle avait avant le chauffage du barreau. D'un autre côté, quand on élève graduellement la température d'un barreau d'acier mis en contact avec un aimant (6) et (9), l'*aimantation* grandit d'abord jusqu'à une certaine limite maxima. Ces deux conclusions me paraissent peu compatibles entre elles. Elles le deviennent, quand on regarde l'intensité du courant de désaimantation comme proportionnelle, non à l'intensité absolue des courants élémentaires qui produisent ce courant, mais à la variation que cette intensité subit dans un temps donné. En effet cette variation doit croître d'abord avec la température, quoique l'aimantation diminue, puisqu'elle doit passer par un maximum, comme nous l'avons expliqué plus haut. Elle doit croître aussi avec un abaissement de température, puisque l'aimantation totale augmente d'après les expériences de M. Jamin. De là l'explication des contradictions apparentes que je viens de signaler.

Si nous abordons la question elle-même, c'est-à-dire l'explication de ce fait, que l'aimantation totale augmente avec le refroidissement et que, à la température ordinaire, elle conserve une valeur bien supérieure à celle qu'elle avait avant le chauffage du barreau, elle me paraît être la suivante : Par suite de l'élévation de température, les molécules du barreau sont animées d'un très-grand mouvement de rotation alternatif ; leurs atmosphères éthérées se dilatent à l'équateur, et elles sont distancées les unes des autres de manière à produire une dilatation du corps. Survient l'action aimantante d'une hélice ou d'un aimant, qui produit des courants élémentaires toujours de même sens dans les parties les plus éloignées de ces atmosphères. Ces courants sont détruits partiellement par le mouvement alternatif de rotation et de vibration transversale des molécules qu'ils entourent. Si le corps se refroidit et que la force aimantante reste toujours la même, le mouvement de ces molécules pondérables diminue graduellement et détruit une portion de plus en plus faible des courants élémentaires. De là l'explication, que nous avons déjà donnée précédemment, d'une *augmentation* dans l'aimantation totale avec le refroidissement. De plus, les molécules pondérables se rapprochant les unes des autres et finissant par occuper sensiblement les mêmes positions qu'avant l'échauffement, doivent conserver autour d'elles des courants élémentaires supérieurs à ceux qui sont produits directement à froid sous l'influence de la même cause ; car, dans ce dernier cas, le rapprochement de ces molécules occasionne, par suite des chocs, une plus grande perte de quantité de mouvement dans les molécules éthérées. Mais cet état n'est pas normal.

8° et 12° Aussi suffit-il, lorsque le barreau est revenu à la température ordinaire, d'éloigner l'aimant pendant quelques instants, pour faire disparaitre une partie de l'accroissement d'aimantation résultant du chauffage. Le rétablissement du contact entre l'aimant et le barreau ne reproduit plus la même aimantation totale qu'avant la rupture, et cela doit être d'après ce qui vient d'être dit.

11° Les mêmes considérations nous rendent compte de cet autre fait que, lors même que la température du barreau serait assez élevée pour que l'aimantation totale (ou plutôt le courant de désaimantation) allât en décroissant, le barreau, ramené à la température ordinaire, conserve une aimantation d'autant plus grande qu'il a été plus fortement chauffé. D'après les expériences (7) et (10) et l'explication de ces expériences, il résulte que le corps, en se refroidissant et en passant par une température quelconque, conserve temporairement une aimantation totale supérieure à celle qu'il acquerrait s'il était aimanté directement à cette température.

Il en est donc aussi de même à la température ordinaire. Ce fait peut être considéré comme un cas particulier des faits (7) et (10), et ne présente quelque chose d'extraordinaire que quand on regarde le courant de désaimantation comme uniquement proportionnel à l'*aimantation totale*.

13° D'après l'expérience (13), si un barreau soumis à l'action d'une force aimantante *déterminée* est porté successivement d'une température t à une température plus élevée T, puis ramené à la température t et de là à la température T, et ainsi de suite, les valeurs de l'aimantation qui correspondent, l'une à t, l'autre à T, vont chacune en augmentant graduellement, mais finissent par devenir invariables. La raison de ce fait se devine immédiatement en vertu de ce qui précède. Lors du premier retour de la température T à la température t, l'intensité des courants élémentaires du corps, par suite de l'influence constante de la force aimantante, est plus grande qu'aux périodes correspondantes du passage de t à T. Après une seconde élévation de température de t à T et au second retour de T à t, le résultat est encore augmenté. Mais il y a une limite nécessaire, puisqu'une force donnant naissance à des courants d'une intensité déterminée ne peut produire des courants élémentaires d'une intensité supérieure à la sienne, surtout à une température élevée.

V. INFLUENCE DE LA DISTANCE SUR LA DISTRIBUTION DE L'AIMANTATION.

§ 6. Imaginons, comme l'a fait M. Jamin (¹), qu'on place un aimant en fer à cheval horizontalement sur un chariot, qu'on fixe vis-à-vis, dans le même plan et parallèlement aux extrémités, un prisme de fer doux, de même épaisseur que l'aimant, d'une longueur égale à la distance extérieure des branches du fer à cheval, d'une largeur égale à 10 millimètres environ. « On apprend dans tous les cours « de physique, dit M. Jamin, que, placé ainsi vis-« à-vis de l'aimant, ce fer en subit l'influence ; « que les extrémités prennent sur toutes leurs faces « des pôles contraires à ceux qu'ils regardent, c'est-« à-dire une aimantation inverse.

« D'un autre côté, M. du Moncel a démontré par « des expériences irrécusables et faciles que, si la « tige de fer adhère à l'aimant, elle possède à ses « deux bouts la même aimantation que les pôles « qu'elle touche, *une aimantation directe*, et qu'elle « est pour ainsi dire l'épanouissement de ces pôles. « Si ces deux faits sont exacts, et ils le sont, il faut « de toute nécessité que l'aimantation change de « signe et soit nulle pour une position donnée : cela « est vrai en effet. »

Pour le démontrer, M. Jamin suspend à l'un des

(¹) *C. R. de l'Acad. des Sc.*, t. LXXVI, 13 janv. 1873.

plateaux d'une balance et au-dessus de la tige de fer, qui peut être avancée ou reculée à l'aide d'un chariot sur lequel elle repose, une petite sphère de fer doux, qui vient adhérer au point de la tige situé verticalement au-dessous d'elle. Des poids placés dans l'autre plateau mesurent la force nécessaire pour opérer l'arrachement. Mais comme la secousse de ces poids subitement déposés pourrait occasionner des perturbations dans la mesure, il accroche au deuxième plateau l'une des extrémités d'un ressort en spirale, dont il fait communiquer l'autre extrémité à un petit treuil à l'aide d'un fil de soie s'enroulant sur celui-ci. On tourne ce treuil progressivement, de manière à tendre le ressort et à produire l'arrachement. Il est facile de concevoir que, par une graduation préalable, on connaisse le poids qui est équivalent à la tension du ressort.

Ceci posé, voici les résultats obtenus par ce mode d'expérimentation.

Force d'arrachement.	-6^{gr}	-9	-11	-12	-10	-4	0	$+5$	$+10$	$+17$	$+30$	$+60$	$+97$
Distance du contact.	100^{mm}	60	50	40	30	20	15	10	8	6	4	1	0

On voit que c'est à 15 millimètres environ que la neutralité existe. Au delà, l'aimantation est *inverse* ; en deçà, elle est *directe*, c'est-à-dire de même nom que celle du pôle. Lorsque le contact a lieu, le fer à cheval, dont les deux extrémités sont réunies par la tige de fer doux, présente la forme d'un anneau. Deux lignes moyennes existent au milieu de la tige et au talon de la lame. On constate deux pôles conséquents vers les deux lignes de jonction. De chaque côté de ces lignes, lorsque l'adhérence est complète, l'intensité magnétique est la même sur le fer et sur l'acier.

Voici une autre expérience du même genre due également à M. Jamin et tout à fait récente ([1]). Si l'on approche de l'un des pôles d'un aimant, du pôle austral A par exemple, un cylindre de fer de longueur et de section données, cette armature subit une aimantation par influence. Lorsqu'elle est très-loin, une polarité contraire b est attirée, une égale quantité de magnétisme de même nom a est repoussée, et il y a une ligne moyenne vers le milieu. La distance diminuant, le magnétisme b se concentre à l'extrémité, la ligne neutre se rapproche et la polarité repoussée s'étale sur un long espace. Pour une distance déterminée, la ligne neutre est à l'extrémité b ; on ne voit plus de magnétisme boréal. Il est entièrement dissimulé par le pôle A. Enfin, si le rapprochement continue, l'armature, bien qu'elle ne touche pas encore l'aimant, est déjà tout entière chargée de magnétisme austral, et on peut dire que l'aimant se prolonge entre l'acier et le fer comme s'il ne formait plus qu'une même masse.

§ 7. L'explication de ces faits me paraît des plus simples. Commençons par le dernier.

<hr>

[1] *C. R.*, t. LXXI, 13 déc. 1875.

Pour fixer les idées, je suppose que le pôle A de l'aimant soit orienté par l'action de la terre et par conséquent tourné vers le nord. Lorsque le cylindre de fer est soumis à l'action de l'aimant, il se produit par influence, à la surface de ce cylindre, un nombre plus ou moins grand de couches superposées de solénoïdes élémentaires qui sont disposés en filets parallèles à l'axe et qui sont de même sens que ceux de l'aimant. Pour concevoir la formation de ces filets, il suffit d'imaginer à la surface du cylindre des courants circulaires parallèles à ceux de l'aimant, qu'on peut considérer comme un solénoïde produit par ces derniers, et propagés dans l'éther environnant. Ces courants, détournés de leur marche par l'attraction des molécules de fer, produisent autour de ces molécules des solénoïdes élémentaires et par suite des filets de solénoïdes. Quand la distance du cylindre au pôle A est assez grande, ces filets réagissent les uns sur les autres, comme Ampère l'a expliqué, et de leur épanouissement vers chacune des extrémités de l'armature résultent des courants élémentaires dont les plans sont tangents à la surface. De là, comme il est aisé de s'en convaincre avec un peu de réflexion, formation d'un pôle boréal vis-à-vis du pôle austral de l'aimant, et formation d'un pôle austral à l'autre extrémité. Si on rapproche le cylindre, les filets tendent de plus en plus, à cause de l'influence de la partie rapprochée de l'aimant, à se placer sur le

prolongement de ceux de cet aimant, et la polarité
boréale tend à disparaître ; la polarité australe persiste toujours à l'autre extrémité à cause de l'épanouissement des filets qui subsiste vers cette extrémité. La disparition du pôle boréal peut même
avoir lieu, comme nous l'avons vu, avant le contact immédiat de l'armature avec l'aimant, et le
pôle austral seul subsiste dans l'étendue de cette
armature.

Si de ce cas nous passons à celui d'un *contact*,
l'explication est tout à fait la même. Imaginons,
pour plus de simplicité d'abord, que ce contact soit
cylindrique et ait la forme d'un fer à cheval comme
l'aimant lui-même. Lorsque ce contact est mis en
présence de l'aimant, il s'y développe, pour la
raison que nous venons d'indiquer plus haut, des
solénoïdes élémentaires disposés par filets et par
couches à partir de la surface, lesquels donnent au
contact l'aspect d'un solénoïde. S'il est éloigné de
l'aimant, les filets s'épanouissent vers chacune de
ses extrémités par suite de leurs réactions mutuelles, et comme on s'en rend compte facilement,
il se forme un pôle boréal vis-à-vis du pôle austral
de l'aimant et un pôle austral vis-à-vis du pôle
boréal. Si on le rapproche, les filets tendent à se
placer sur le prolongement de ceux de l'aimant, et
leur épanouissement à chaque extrémité tend à disparaître. Il y a en effet une position pour laquelle
les pôles de l'armature n'existent plus. Pour un

rapprochement plus grand encore et jusqu'au contact immédiat, l'épanouissement de chacun des pôles de l'aimant se transmet jusqu'à une certaine distance dans le *contact*, parce que les réactions des solénoïdes élémentaires, les uns sur les autres, y sont moindres que dans l'aimant, et il doit se manifester une ligne moyenne au milieu de ce *contact* et au talon de l'aimant. C'est ce qui a lieu. Lorsque le *contact* est prismatique et droit, au lieu d'avoir la forme précédente, la disposition des filets et leur épanouissement sont un peu plus difficiles à suivre. Cependant l'ensemble du phénomène est le même comme l'expérience nous l'a montré.

VI. Théorie mathématique de l'aimantation.

§ 8 Avant d'aborder aucune théorie mathématique de l'aimantation, il est utile de savoir si un corps peut être aimanté dans toute sa masse ou à sa surface seulement.

D'après M. Jamin (¹), *l'aimantation produite par les courants existe à la surface des corps aimantés et ne pénètre qu'à une profondeur limitée, mais d'autant plus grande que le courant est plus fort.* Il appuie cette assertion sur les faits suivants :

Il introduit un cylindre d'acier dans un tube de même métal, qu'il ferme ensuite par deux bouchons à vis aussi du même métal. Il aimante le tout dans

(¹) C. R. de l'Académie des sciences, 15 février 1875.

une bobine avec un courant dont il augmente progressivement l'intensité. Tant que le courant est faible, il n'agit que sur le tube et laisse l'âme à l'état naturel. A partir d'une force déterminée, il donne à l'âme une aimantation qui croît avec cette force et qui finit par être égale à celle qu'on obtiendrait si le tube n'existait pas.

Il opère aussi d'une autre manière en dissolvant la partie extérieure des aimants dans de l'acide sulfurique dilué. Après avoir fait préparer des lames, rendues aussi homogènes que possible par des recuits successifs et des laminages à froid; après les avoir trempées ensuite, il les aimante et les plonge dans de l'acide dilué chauffé à 100°. De demi-heure en demi-heure il en mesure l'épaisseur et la quantité de magnétisme qu'elles ont gardé. Il trouve que le rapport de cette quantité de magnétisme à l'épaisseur va en diminuant jusqu'à zéro, de sorte que *les deux couches magnétiques qui se trouvent au-dessous des deux faces de la lame offrent des intensités variables décroissant de la surface où elle est maxima, jusqu'à une certaine profondeur où elle est nulle.* Cette profondeur était de $0^{mm},4$ et elle était indépendante de l'épaisseur primitive de la lame.

Pour montrer que l'épaisseur des couches aimantées croît avec l'intensité du courant, il emploie une série de lames d'épaisseurs différentes, et, après les avoir rangées par ordre d'épaisseur, il les aimante toutes par des courants dont il fait croître l'intensité. Tant que ces courants sont faibles, ils communiquent la même aimantation à toutes les lames, parce que les couches aimantées ont une épaisseur moindre que celle des lames. Pour des courants de plus en plus forts, c'est la plus mince des lames qui est d'abord saturée, puis la seconde et ainsi des autres, ce qui prouve que la profondeur des couches atteint successivement l'épaisseur entière de chaque lame et qu'ainsi elle augmente avec l'intensité. *Mais, aussitôt que l'épaisseur des lames dépasse une certaine limite, μ, toutes deviennent identiques et prennent une somme de magnétisme égale. Cela prouve que les couches magnétiques elles-mêmes se limitent à cette épaisseur μ, qu'elles ne peuvent jamais dépasser.* Cette limite de la couche d'aimantation varie avec la nature des aciers : elle est grande pour ceux qui sont mous ou recuits ; elle diminue quand la richesse en carbone augmente et que la trempe est plus forte. M. Jamin cite certains échantillons où elle est inférieure à un dixième de millimètre.

D'un autre côté, MM. Trève et Durassier ([1]), en expérimentant comme vient de faire M. Jamin, c'est-à-dire en plongeant des aciers de différentes natures dans un bain d'eau acidulée à un cinquième d'acide sulfurique, sont arrivés à la conclusion suivante :

[1] *C. R.*, 6 novembre 1875 et 20 décembre 1875.

Le magnétisme pénètre dans toute la masse d'aciers cylindriques homogènes, quelle qu'en soit la section (depuis zéro jusqu'à 16 millimètres), quelle qu'en soit la richesse en carbone (depuis 0,250 jusqu'à 1 pour cent), quelle qu'en soit la trempe (à l'eau froide ou à l'eau bouillante), *pourvu que ces aciers soient aimantés à saturation.* Ou bien il faut admettre que le magnétisme, d'abord superficiel, pénètre successivement dans la masse au fur et à mesure que l'acide opère la dissolution de cette masse.

La conclusion certaine qu'il me paraît possible de tirer des expériences précédentes de M. Jamin et de MM. Trève et Durassier, qui me semblent plutôt se confirmer que se contredire, c'est que l'aimantation n'est pas *uniquement superficielle ;* que, tout en commençant par la surface des corps aimantés, elle peut pénétrer plus ou moins dans l'intérieur de ces corps en variant d'intensité ; qu'elle peut même en occuper la totalité lorsqu'ils sont saturés. C'est ce qu'il nous importe de savoir.

§ 9. Considérons un élément magnétique d'un corps aimanté A, et soit M l'un des pôles de cet élément. Supposons que ce pôle soit non-seulement soumis à l'action du corps A dont il fait partie, mais aussi à celle d'autres corps aimantés extérieurs. Soit W, la somme des potentiels de ces corps relatifs à ce point. Les composantes de l'action totale auront pour expressions, d'après ce que nous avons vu ailleurs :

$$
\begin{aligned}
X &= -\left\{ \frac{dW_1}{dx} + \frac{dW}{dx} - \frac{4}{3}\pi K\alpha \right\} \\
Y &= -\left\{ \frac{dW_1}{dy} + \frac{dW}{dy} - \frac{4}{3}\pi K\beta \right\} \\
Z &= -\left\{ \frac{dW_1}{dz} + \frac{dW}{dz} - \frac{4}{3}\pi K\gamma \right\}
\end{aligned}
\qquad (1)
$$

W étant le potentiel du corps aimanté A par rapport au pôle M et α, β, γ, étant des quantités données par les relations :

$$
\alpha = \frac{i'}{2g}\cos\xi \qquad \beta = \frac{i'}{2g}\cos\eta \qquad \gamma = \frac{i'}{2g}\cos\zeta \qquad (2)
$$

dans lesquelles i' est l'intensité du courant de l'élément considéré et ξ, η, ζ, les angles que fait l'axe de cet élément avec les axes coordonnés. Supposons que le corps aimanté A soit parvenu à un état d'équilibre. Les forces égales et contraires (X, Y, Z), qui agissent sur chacun des pôles de l'élément sont nécessairement dirigés suivant son axe, ce qui entraîne les relations suivantes :

$$
\frac{\alpha}{X} = \frac{\beta}{Y} = \frac{\gamma}{Z} = \frac{\sqrt{\alpha^2 + \beta^2 + \gamma^2}}{\sqrt{X^2 + Y^2 + Z^2}} = \frac{\frac{i'}{2g}}{P} \qquad (3)
$$

car de là on tire :

$$
\frac{\alpha}{\sqrt{\alpha^2 + \beta^2 + \gamma^2}} = \frac{X}{\sqrt{X^2 + Y^2 + Z^2}}
$$

ou bien :

$$\cos \xi = \frac{X}{P}$$

et de même :

$$\cos \eta = \frac{Y}{P}$$

$$\cos \zeta = \frac{Z}{P}$$

Représentons par λ la valeur commune de chacun des rapports (3) , nous obtiendrons les relations suivantes :

$$\alpha = \lambda X \qquad \beta = \lambda Y \qquad \gamma = \lambda Z \tag{4}$$

et par suite les relations (1) deviendront :

$$\left.\begin{array}{l} \alpha + \dfrac{\lambda}{1 - \frac{4}{3}\pi K\lambda} \left\{\dfrac{dW_1}{dx} + \dfrac{dW}{dx}\right\} = 0 \\[3ex] \beta + \dfrac{\lambda}{1 - \frac{4}{3}\pi K} \left\{\dfrac{dW_1}{dy} + \dfrac{dW}{dy}\right\} = 0 \\[3ex] \gamma + \dfrac{\lambda}{1 - \frac{4}{3}\pi K\lambda} \left\{\dfrac{dW_1}{dz} + \dfrac{dW}{dz}\right\} = 0 \end{array}\right\} \tag{5}$$

C'est Poisson qui, le premier, a obtenu ces équations en partant de l'hypothèse de deux fluides magnétiques et en s'appuyant sur des considérations tout à fait différentes des précédentes. Le coefficient λ peut dépendre soit des coordonnées du point M, soit du temps t. Nous le supposons d'abord constant ; ce qui peut avoir lieu, par exemple, quand les forces extérieures sont constantes en

grandeur et en direction, que le corps aimanté **est
de petite dimension et que les réactions intérieures
dues au corps pendant l'aimantation sont négli-
geables par rapport aux forces extérieures.**

Cas où le coefficient λ est constant.

§ 10. Ce sont les équations (5) qui servent à déterminer en chaque point les trois quantités α, β, γ
en fonction des coordonnées de ce point, et par
suite c'est de leur résolution que dépend toute la
théorie de l'aimantation ou de l'induction magnétique.

En les ajoutant membre à membre, après avoir
différencié la première par rapport à x, la seconde
par rapport à y, la troisième par rapport à z, et en
nous rappelant les propriétés connues des potentiels W et W_1, nous obtiendrons :

$$\frac{d\alpha}{dx} + \frac{d\beta}{dy} + \frac{d\gamma}{dz} + \frac{8}{3}\pi\lambda \left\{ \frac{d.Kz}{dx} + \frac{d.K\beta}{dy} + \frac{d.K\gamma}{dz} \right\} = 0 \quad (1)$$

Dans le cas le plus général, la quantité K est
fonction de x, y, z. Si les corps sont homogènes,
ce que nous supposons toujours, elle en est indépendante. D'après cela l'équation précédente devient :

$$\left(1 + \frac{8}{3}\pi K\lambda \right) \left\{ \frac{d\alpha}{dx} + \frac{d\beta}{dy} + \frac{d\gamma}{dz} \right\} = 0$$

ou simplement :

$$\frac{d\alpha}{dx} + \frac{d\beta}{dy} + \frac{d\gamma}{dz} = 0 \qquad (2)$$

Soit φ une fonction de x, y, z, déterminée par l'équation :

$$\varphi + \frac{\lambda}{1 - \frac{4}{3}\pi K\lambda}\,(W + W_1) = 0 \qquad (3)$$

En vertu des équations (5) du paragraphe précédent, nous aurons :

$$\alpha = \frac{d\varphi}{dx} \qquad \beta = \frac{d\varphi}{dy} \qquad \gamma = \frac{d\varphi}{dz} \qquad (4)$$

et l'équation (2) deviendra :

$$\frac{d^2\varphi}{dx^2} + \frac{d^2\varphi}{dy^2} + \frac{d^2\varphi}{dz^2} = 0 \qquad (5)$$

Ainsi la solution du problème de l'aimantation des corps homogènes en repos dans les conditions indiquées précédemment, ne dépend que d'une seule inconnue φ, et cette inconnue dépend de la résolution de l'équation (3). L'équation (5), qui est une conséquence de cette équation (3), peut servir à la déterminer. Une remarque qui n'échappera à personne c'est l'identité de la relation (5) avec celle qui sert à résoudre le problème de la distribution de l'électricité dans les corps homogènes.

En vertu de l'équation (2), l'expression

$$R = K \iiint \left(\frac{d\alpha'}{dx'} + \frac{d\beta'}{dy'} + \frac{d\gamma'}{dz'} \right) \frac{dx'dy'dz'}{r}$$

qui entre dans la composition du potentiel W, est nulle et la valeur de W devient :

$$W = K \iint \left(\alpha' \cos l' + \beta' \cos m' + \gamma' \cos n' \right) \frac{d^2\sigma}{r} \qquad (6)$$

ou

$$W = k \int \int \left(\frac{d\varphi'}{dx'} \cos l' + \frac{d\varphi'}{dy'} \cos m' + \frac{d\varphi'}{dz'} \cos n' \right) \frac{d^2\tau}{r} \quad (6')$$

φ' désignant ce que devient φ quand on y remplace x, y, z, par les coordonnées x', y', z' d'un point de la surface de A. Ces expressions (6) et (6') ont conduit Poisson à l'énoncé du théorème suivant :

L'action d'un corps homogène magnétisé par influence sur l'un des pôles M d'un aimant, est équivalente en grandeur et en direction à l'action d'une couche matérielle qui recouvrirait la surface entière du corps, dont l'épaisseur normale serait exprimée par

$$k(\alpha' \cos l' + \beta' \cos m' + \gamma' \cos n')$$

au point x', y', z', et dont chaque point agirait sur le point M avec une force inversement proportionnelle au carré de la distance.

Comme les équations en vertu desquelles la valeur générale du potentiel W s'est réduite à la précédente, ne subsistent pas pour les éléments magnétiques de la surface de A, ou qui en sont à une distance insensible, il s'ensuit que les valeurs de X, Y, Z, calculées au moyen de ce potentiel, ne s'appliqueront pas à l'action de ces éléments; mais en général il est permis d'en faire abstraction sans erreur sensible par rapport à tous les éléments de A.

Si le corps homogène considéré renferme une cavité dans son intérieur, nous pourrons considérer son action, sur un pôle M extérieur ou intérieur, comme égale à celle d'un corps plein terminé à la surface extérieure dont on retrancherait celle d'un corps de même nature terminé à la surface intérieure. La valeur du potentiel relatif à un pareil corps sera de la forme :

$$W = K \int \int \left(\frac{d\varphi}{dx'} \cos l' + \frac{d\varphi'}{dy'} \cos m' + \frac{d\gamma'}{dz'} \cos n' \right) \frac{d^2\sigma}{r} -$$

$$- K \int \int \left(\frac{d\gamma''}{dx''} \cos l'' + \frac{d\gamma''}{dy''} \cos m'' + \frac{d\gamma''}{dz''} \cos n'' \right) \frac{d^2\sigma}{r'}$$

la première intégrale s'étendant à la surface extérieure et la seconde à la surface intérieure.

Mon but ici n'étant que de montrer comment la savante analyse de Poisson peut s'appliquer à la théorie nouvelle dont je m'occupe, je ne le suivrai pas dans les nombreuses vérifications qu'il a indiquées.

Nancy, imprimerie Berger-Levrault et Cie.

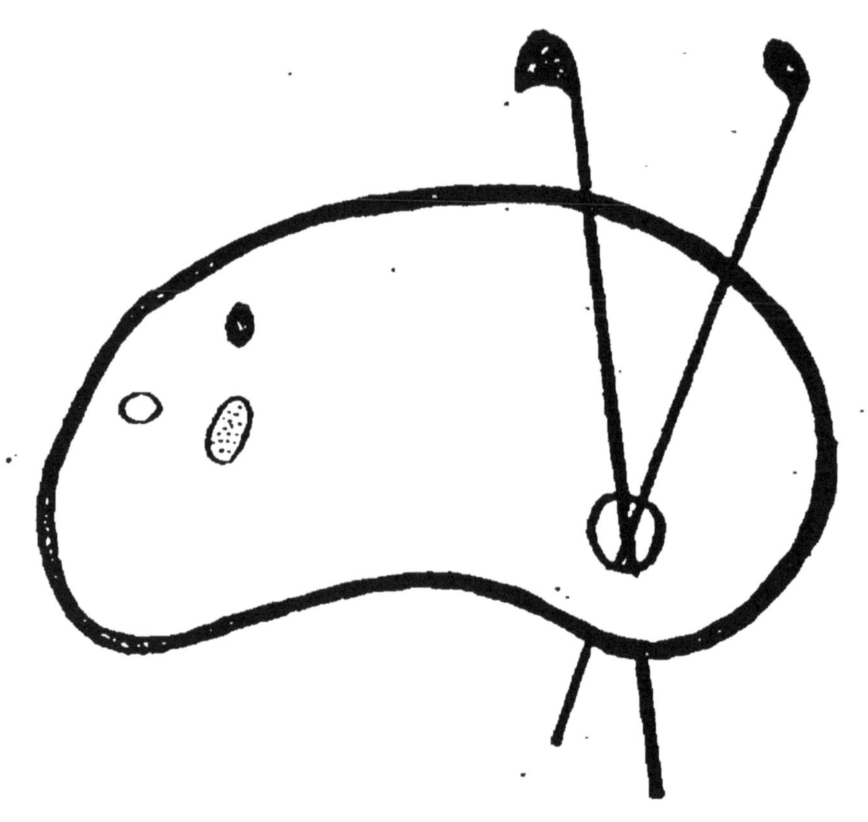

ORIGINAL EN COULEUR
NF Z 43-120-8